人生規畫一直都要在職涯規畫之上，
依照你的 Lifestyle 和你的未來目標，
學會讓工作對齊生活，而不是讓生活對齊工作吧！

啟動遠距工作，
設計你的理想生活

佐依 Zoey　著

在家工作，
在世界生活！
面對未來的必然趨勢，
你是否能無痛接軌？

This book is dedicated to my wonderful husband.

You're the source of my inspiration!

<推薦序>

打開遠距工作女神的高含金分享，
找到屬於你的人生新可能

何則文

Zoey 跟我認識也有幾年了，我早先一直有關注 Zoey，她透過個人品牌跟內容創作的經營，達到自己理想的工作。在我出版《個人品牌》這本書時，親自寫信送了她一本，Zoey 很喜歡也推薦，並且在 Podcast 上訪問我。後續我們也有合作過幾次，我對 Zoey 的拚勁跟熱情很是受到感染。

Zoey 一直是一個未來時代的典型，不遵循傳統生涯發展路線的叛逆性格人才，大學就開始踏入職場，也思索自己人生，最後在不斷旅行的自我探索中，找到屬於自己人生的道路，那就是要成為一個掌握自己工作與生活平衡，真正自由的人。

當過旅遊編輯的她，原先以為可以把旅行作為工作是很棒的事情，結果才發現因此工作跟生活無法區隔，反而沒有達到她真正想要的人生。為了拿回人生的主導權，她開始思索，有沒有工作是可以不進辦公室的？自己安排時間的？

最後，她真的找到了，成為一個海外遠端工作者，她得到了快樂跟更為積極正向的人生。她學攝影、學設計，在 Podcast 風潮席捲台灣前，早早就獨具慧眼的開始經營，有了

死忠的粉絲群。透過這些分享，她把她的知識產品化，帶給更多在職涯道路迷惘的人們一個新可能，也斜槓出自己的燦爛人生。

在這本書《啟動遠距工作，設計你的理想生活》，Zoey不藏私地分享了遠距工作的各種眉眉角角，到底什麼是遠距工作？怎樣可以投入遠距工作？什麼樣性格的人適合做遠距工作？遠距工作的優缺點等。

遠距工作在後疫情時代絕對會成為新時代的職場主流，每個人都應該了解其中的祕訣。現在就讓我們一起看看台灣的遠距工作女神 Zoey 的高含金分享吧！打開這本書，找到屬於你的人生新可能。

（本文作者為暢銷作家、職涯實驗室教練）

遠距工作已是可擁有的更自由生活的方式

葉濬慈（Andrew Yeh）

　　從遠距工作到理想生活，看似是夢幻的概念，卻是確確實實 Zoey 的旅程。Remote Taiwan 在台灣從 2017 開始研究、推廣遠距工作模式，並且建立社群與眾人一起學習。Zoey 當時就很積極分享自己的經驗，讓社群的大家都受益良多，看著 Zoey 在遠距工作的經驗彙整之下，並逐步收斂出適合自己的理想生活模式，實則令人欽佩。

　　遠距工作在疫情前就被視為未來工作的趨勢之一，在疫情爆發後，更成為企業用人的求生方法之一；本書從 Zoey 在疫情前的心路歷程，讓讀者們隨著 Zoey 的親身經驗一路走過，詳實分享遠距工作的優勢與惱人之處，並且條列出自身遭遇的狀況，以及可能會遇到的問題，確切從我們生而為人會遇到的苦惱之處面對，對初入遠距工作或是尚未理解 Remote work 的人，都是很好入口且有助益的經驗學習。

　　當然在聽故事之際，Zoey 也提供基本的入門技術，讓不得遠距工作之門而入的人們也能一探究竟。遠距工作並非遙不可及，已是我們可以擁有更自由生活的方法之一。

（本文作者為 Remote Taiwan 主理人、Grow Remote TW leader、遠距工作

& 海外用人顧問）

在家上班，在你喜歡的地方上班，
已成爲一種現實

劉俊佑（鮪魚）

　　如果你對架設網站熟悉，你一定知道 Wordpress，我創辦的公司「生鮮時書」的網站，也是用 Wordpress 這個工作架設的，根據一份國外媒體的統計數字顯示，全球 1000 大的網站中，用 Wordpress 架設的網站超過三分之一。

　　一個工具要支援這麼多網站，它背後的公司，肯定是一個龐然大物。看到這裡你可能腦海中會冒出，一間位於矽谷的辦公室，裡面各色人種敲擊著電腦，公司裡附設有趣的遊樂設施跟供應免費午餐。

　　但你錯了！ Wordpress 的母公司：Automattic，從 2005 創立的第一天開始，到 2019 年發展到全球擁有 1100 名員工的那天，全都是遠距辦公。他們公司 1100 名員工都是在家，或是在咖啡廳，在自己想待著的地方，透過網路工具，遠距協作打造世界級的產品。

　　過去，這聽起來只是單一成功案例，離我們很遙遠，但經過 2020 的疫情衝擊，許多人都已嘗試過遠距工作，在家上班，在你喜歡的地方上班，成為一種現實。

　　讓我來說說台灣的案例，寫這篇文的前幾天，我有位一

陣子沒聯繫的創業朋友跟我說，他在疫情期間，決定把公司打造成全遠距的公司，他慢慢地將自己的客戶轉換成線上，面試時也開誠布公，只找願意遠距工作的人才。

他跟我說，雖然看起來準備就緒，但一開始團隊仍不太適應，視訊會議或是文字溝通帶來的誤會不少，效率也不如從前。在團隊成員的磨合下，現在已經步上軌道，讓他能在家工作照顧家人，享受南部的陽光跟生活品質，卻也不犧牲對客戶的服務品質，還能跟全台各地的人才合作。

當然，改變不總是美好的，還會伴隨著不安、緊張與挫折，我在疫情期間有一個發現，突然要大家適應遠距工作，沒這麼簡單。不是每個人都擁有這樣的技能與心態，像是沒和同事聊天討論、容易被工作堆滿時間、產生孤獨感，或是卡關時不知道如何快速求救。在家上班很容易被家人分心，該如何專心在工作上？或是，當自己很適應遠距工作，想要在疫情結束之後變成常態，要怎麼逐步打造職涯規畫？

因為我之前有參與 Zoey 的音頻「佐編茶水間」的錄製，知道她對遠距工作的實踐與熱愛，我帶著這些問題，線上敲了 Zoey，邀請她打造一堂「遠距工作硬實力」的線上課。在這堂課中，她把自己如何脫離朝九晚五的上班族生活，讓自己變成遠距工作者，再到出國之後，如何幫自己打造長銷型產品，可以不受限制地過活，這一切經驗歸納成一系列可操作的步驟。很高興能與 Zoey 合作打造出一堂真的有實戰經歷的課程，這堂課的口碑跟銷量都極佳，而看到這裡我想你也

發現了，這堂課就是這本書的前身。有天 Zoey 突然敲我，說出版社看到這堂課，想要邀請他將這堂課的內容出書，我一聽當然很高興，也滿心期待著書的出版，沒想到戰力滿滿的 Zoey，竟然這麼快就把書給寫出來了！

我始終認為，想要遠距工作，想要彈性地點、彈性工時，並不是想要偷懶，或是想要逃離老闆的目光，而是一種生活的選擇。

過去工業時代，無論是學校還是公司，強調的都是標準化生產，強調效率，但這種做法，壓抑了每個人想要做自己的心情，犧牲個性化的表現。

新時代的人才，多是腦力型的人才，工作的類型不太需要空間的限制，只要每個人對最終的結果負責，過程的彈性都是可以被允許的。像我就是在半夜比較能撰文的人，白天的我，總會被各種訊息跟會議打擾，無法安靜地寫字，夜深人靜時，反而會文思泉湧，能將白天接收到的訊息統整，沉澱成文字。如果彈性，能讓你在最合適工作的時間地點，激發你的動力，為你帶來創意的能量，讓你的成果更好，那為什麼要讓自己被框架住？

遠距工作，不只是一種工作選擇，而是能讓你藉由彈性規畫，找回人生掌控權的生活選擇，如果你也對遠距工作充滿好奇，想要一探究竟，Zoey 這本書絕對能從各個面向協助你，幫你脫離框架，創造專屬於你的生活！

（本文作者為「生鮮時書」創辦人）

<自 序>

不用等「財富自由」，就能
「地點自由」的邊工作邊生活

　　五年前，爸媽看到我成天在家，窩在電腦前打字，他們會對我說：「你怎麼一整天都在家？難道不用去辦公室工作嗎？該不會是被炒魷魚了吧？」五年後，爸媽看到我成天在外奔波，他們開始跟我說：「你怎麼一整天都不在家？這樣工作做得完嗎？該不會是生意變差了吧？」

　　這當然是一個生活中的玩笑話，卻也是我這幾年來的真實寫照。我自 2016 年開始從事自己職涯中的第一份遠距工作，當時儘管一週只有一天能在家辦公，還是覺得這種新潮的辦公方式非常奢侈，每個禮拜一定要到不同的咖啡廳，對待電腦像是對待自己的毛小孩一樣，幫它設計姿勢後拍張照來打卡。當時的我心想：「能夠自由選擇工作地點真的是很棒呢，真希望每個人有朝一日也都能夠享受這種無拘無束的工作感。」

　　很快的，不到兩年時間，我發現這樣的工作模式越來越廣為人知，不僅如此，身邊也有許多朋友開始在私底下問我與遠距工作有關的疑問，我也開始在想：「咦？搞不好市場上真的有這樣的需求，搞不好未來每一個人真的都能開始邁向遠距工作！」（不過當時完全沒有預想到竟是「疫情」來

推一把）因此，我在 2018 年用 Wordpress 架設了一個名為「理想生活設計」的部落格，開始撰寫遠距工作和品牌經營相關的文章，從那時候起，我也三不五時的會在網誌裡分享我尋找遠距工作的方法、時間管理的技巧，以及提高工作效率、維持生活平衡的方式。

在剛接觸遠距工作時，我最常收到的問題就是：「我本身沒有可以遠距辦公的技能，既不是工程師、也沒有設計背景，這樣有什麼方法可以遠距工作呢？」老實說，五年前的我根本沒有這個問題的解答，對於台灣當時的產業和職場來說，完全就是一個無解之題。但五年之後，我逐漸看見會計師、健身教練，甚至是保母都開始嘗試遠距工作，這不僅是被生存（疫情）逼出的創意，也證明了能夠遠距工作的產業別不斷的被擴大且越來越多元。

除了因為新冠肺炎而狗急跳牆的創新嘗試以外，個人品牌的興起也非常值得被關注。在每一個人都可以自成媒體的年代，個人品牌便成為了遠距工作的潛力股，每往個人品牌投資一股，就幾乎是越有機會成就遠距工作的實現。而我自己也認為，在未來，個人品牌是一種必然（Inevitable）的存在，也許以後面試時，面試官不會再要求你寫自傳或做自我介紹，反而會問你：「如何為自己下三個關鍵字標籤（Hashtag）」又或者，「你的個人品牌與社群媒體（Facebook、Instagram、YouTube）會變成你的作品集，也會成為面試官在審核你的檢視項目之一。」

無論你未來有沒有想要經營個人品牌，我相信我們展示與陳列（或行銷）自己的手法慢慢的在改變，有的人來做個人品牌，是因為未來想要自己創業當老闆；有的人則是因為想為自己的專業技能做累積，使未來可以有更多的演講或更多元的收入。正因為個人品牌和遠距工作都是未來的必然趨勢，它們的關係也變得密不可分且多方重疊。

　　在這本書裡，我會介紹未來遠距工作可能會往什麼樣的方向發展、美國如何用遠距離辦公的模式來應對疫情、怎麼鍛鍊遠距工作必備的軟硬實力、遠距工作的求職資源、常見問題，以及怎麼利用個人品牌來實現遠距工作。

　　很多人會覺得遠距工作是知識分子和技術分子的特權，這在幾年前或許是一個事實，但在未來卻不見得是如此。我希望這本書能夠讓每一個人都了解——你有辦法為自己「創造遠距工作的機會」。而在未來，我們每一個人都得學著設計自己的工作，以及設計自己想要過的生活。

　　在這本書上市不久後的將來，我相信我們需要面對的課題不單單只是「如何成為遠距工作者」，而是如何在一個不怎麼需要勞力與膚淺工作的社會環境中「找到自己的價值並發揚光大」，我們需要思考的絕對不是「How」而是「When」，遠距離辦公的工作型態或許不會立刻實現，但卻已經在發生，你不太需要擔心自己能不能夠成功轉職為遠距工作者，因為這會是未來必然的工作形式，你很可能還會被逼著成為遠距工作者。而假設我們在什麼都不用做的情況下

就會越來越接近遠距工作的生態圈，那你是否能無縫、無痛接軌，就成為了新舊時代工作者要共同面對的挑戰。

我希望這本書不僅讓你知道怎麼去「接軌」遠距工作之外，也可以讓你覺察到設計人生的重要性。當我們有越來越多的勞力工作被取代掉，你不用再做那麼多的繁瑣雜事，還能夠騰出更多的時間與空間時，你想要做什麼？你想要過上怎麼樣的生活？又或者，當你的價值不再透過工作來定義，你的理想生活樣態又會有怎樣的改變？

我也希望這本書除了以工具書的形式來幫助你之外，更希望能夠為你帶來一些靈感的啟發與未來趨勢的洞察，讓你能不只看到眼前的職涯，還能看見更長遠的人生規畫。願你我都能在不久後的將來邊工作邊生活，在喜歡的地方，用喜歡的方式，跟喜歡的人，做喜歡的事。

Love,
Zoey

目錄

Chapter 1

遠距工作的世代來臨了

Chapter 2

什麼樣的人適合遠距工作？

Chapter 3

尋找你的第一份遠距工作

Chapter 4
創造地點自由的工作機會

Chapter 5
遠距工作疑難雜症大哉問

Chapter 6

開始遠距工作：機會就在你意想不到的地方

Chapter 1
遠距工作的世代來臨了

1-1 我的遠距入行故事

　　大學時期的我因為不想要一畢業就揹學貸，因此選擇就讀夜間部，不只學費比較便宜，也可以提早開始工作，累積一些職場經驗。我在高中念室內設計，大學則轉到服裝設計學系，自高中畢業以來，我一直都從事美編和平面設計等工作，也許因為待在職場的時間比待在學校的時間還久的緣故，**我開始發現自己不太能適應朝九晚五的工作模式，每天早上起床都感到鬱鬱寡歡，非常不想進辦公室。**

　　這個情形在大二時特別嚴重，我開始裝病請假，我遲到的狀況越來越誇張，老闆不滿意，我自己也做得不開心。雖然，對當時在念大學的我來說，我的主業是學生，白天的工作多半是賺零用錢的打工，即便如此我也意識到：這樣的生活好像哪裡怪怪的？

　　為什麼會這麼說？因為我發現自己在週末的娛樂，就是待在家裡或去咖啡廳做設計，那時的我喜歡自己架架網站、寫寫部落格，也非常喜歡在業餘時間做些圖文創作，這些休

閒時光的活動其實和我平常的工作內容差不多，我偶爾甚至還會在週末微調一些公司的設計稿，並且樂在其中，於是我開始在想：「奇怪了，我好像是真的非常喜歡設計，就連假日沒事幹時，我選擇的消遣竟然是繼續畫圖，就算公司沒有付我加班費，我還是會在週末時東修西改公司想要的設計，那這麼說來，我應該是很喜歡我的工作才對，為什麼我會抗拒去公司上班這件事呢？」

我開始觀察和測試究竟是什麼原因讓我對於朝九晚五這麼的糾結，也是在這個過程中，讓我逐漸地發現自己對於「選擇」的執著，我希望自己能擁有何時、何地、何物的選擇，我想要在我喜歡的地方和我喜歡的人做我喜歡的事，這就是當時在公司上班無法滿足我的主要原因，因此，我開始思考其他的職業可能性，而對當時的我來說，要實現這樣的生活有兩條路可以走，第一條是從事接案類型的工作，無論是平面設計、網頁設計還是企業識別類的設計，只要是可以接的設計案都一律接受；第二個選擇是找到一間能夠讓我遠距工作的正職公司，這樣就能地點自由，並且有穩定的薪水。

一開始，我兩種方法都有嘗試，卻發現台灣能夠遠距工作的公司真的不多。因此，我決定開始把重心放在設計案件，每天去數字銀行跟人家競標、比稿，每個月大約可以接到一些零星的設計案來餬口，但大部分時間還是需要啃老。那是一段剛畢業即失業的日子，不僅沒面子，每天更是從早

到晚都在看接案網站、投履歷，但是卻忙得一點效率都沒有，像無頭蒼蠅一般汲汲營營，隨波逐流。

　　我不確定自己的執拗和堅持到底有沒有用對地方，當時我安慰自己：「再怎麼慘，永遠都可以回去吃老本行，繼續做平面設計，可是如果不堅持下去，真的很對不起自己。」而那個時候，我假日持續保持的娛樂就是寫部落格，我把自己在假期時的旅行都記錄到曾經架設的部落格裡，並重拾大學畢業前的那股創作熱情。

我把寫部落格當休閒娛樂，傾注創作熱情、用上設計專科技能，把假期旅遊經驗都記錄到自己架設的部落格裡。

我每天的例行公事除了刷職缺網站，看有沒有公司在徵遠距工作的職員、有沒有設計案可接之外，偶爾缺錢也會去做活動現場幫手、市場調查測試員，或甚至是去發傳單與做電話訪問。當時的生活被各式各樣的兼差和接案給填滿，就這樣過了好一陣子。

　　某一天，我如同平常一樣逛著職缺的平台，突然看到一則剛上架的新職缺，標題寫著「**可在家工作：兼職視覺設計**」，當時的我用最快的速度點擊職缺的連結，連結將我帶到 PTT（批踢踢鄉民實業版）的 JOB 版，當時我心想：「誒？對吼，我怎麼都沒想到可以在批踢踢上找工作？好險這份職缺有被轉貼到其他平台。」我仔細看了職務內容和相關的要求，發現這根本就是為我而開放的職缺。需要會 Photoshop？沒問題，需要用到 Illustrator？我可以！二話不說，馬上整理好自己的履歷，再次美化之前的作品集。而當我要將面試申請表寄出時，腦中突然冒出一個念頭：「**不然順便放上我的旅遊部落格連結好了？雖然對方沒有要求要會網頁設計，但我好歹也是花很多力氣設計這個網站的，它應該……有加分作用吧？**」於是，我便在「其他參考作品」的那個欄位，填上了自己的部落格網址，按下寄出。

　　女人或許真的是一種直覺異常靈敏的動物，在我按下送出履歷的那一刻，心裡馬上就有一種直覺告訴著我：「我會得到這份工作。」果不其然，我在一週後收到了那間公司台灣區負責人的來信，對方說她很喜歡我的作品集，希望能和

我約在某間星巴克做一場實體面試。

　　當天，我們約在台北忠孝東路上的星巴克會面，這位台灣區負責人是一位長相清秀、氣質優雅，年紀也很輕的女主管，她一見到我便對我說：「我是宛庭，謝謝你來參加這一次的面試。」宛庭後來也成為我人生中非常重要的貴人之一，她介紹完這間新創公司的背景和訴求後，真誠地對我說：「這間公司是一間韓國公司，他們近期想要拓展台灣市場，而我是唯一一位台灣區的負責人，所以現階段的我是一個人在家工作，也許未來我們有團隊，可以一起到共同辦公空間，但是前期可能還是會以遠端的方式為主。」我心想：「完全沒問題！」接著宛庭又說：「但因為台灣區市場還在測試中，所以我們目前的業務量偏少，我們會先以時薪的方式，從一個禮拜大約 8 到 12 個小時的工時，慢慢增加上去，OK 嗎？」「那未來公司有擴展業務量與擴大台灣團隊的打算嗎？」我問宛庭，她回：「會，希望未來一年能夠以朝正職人員的方向作為目標。」

　　當時我想：「雖然現階段的薪水沒有辦法養活自己，但至少這會是一個有成長空間的工作，我絕對要給自己這個機會來試試看。」會談完畢，宛庭說她後續還有其他申請者要面試，因此過幾週後她會再通知我面試結果。

　　離開咖啡廳前，宛庭突然跟我說：「**其實我私底下非常喜歡你的作品集，尤其是你的旅遊部落格設計很精美，讓人看了很舒服**。不過我這邊會再次跟韓國的上司討論，一有後

續結果也會盡快通知你！」

　　回程路上，我滿心雀躍，更壓抑不住嘴上的笑容，我知道自己會非常喜歡這份工作，也認為一切都好新鮮、好難捉摸，因此更加的興奮。然而，這樣的興奮在幾天後消逝，我知道自己不能一直和家人要零用錢，也知道只靠這份兼職的工作，短期內是沒有辦法 cover 現實的開銷，因此，我再次回到一樣的生活模式，每天刷職缺網站、投履歷、找兼差，耐心等待宛庭的消息。

　　一個禮拜後，我接到一個非常臨時的案子，當時某一間新創公司開發了一款新的 app，他們需要測試員去使用、試玩這款遊戲，並且給出實質回饋。這樣的兼差對當時的我來說根本就是爽差，我帶著非常輕鬆的心情與完全沒有修改的履歷，前往這個公司的所在地去打工。

　　工作結束，負責這個項目的產品經理詢問完測試回饋後，突然和我說：「你在自己的履歷上附了一個部落格網址，那個網站是你自己架設的嗎？」我說：「是，因為學過網頁設計又喜歡旅行，所以就開始做這個業餘的興趣。」產品經理回：「**真是有意思，我身邊剛好有一間公司的老闆最近在找對旅遊感興趣的編輯，你介不介意我把你的履歷和網站丟給他看一下？**」我說：「當然不介意，如果還需要更多素材的話，我也可以再提供。」

　　當天晚上，我就收到了那位產品經理的來信，希望幫我跟他朋友牽線，我們交換了彼此的臉書帳號做簡單的招呼與

自我介紹，而那位旅遊新創公司的老闆也在當週約了我到他的公司參觀。

我跟那間旅遊公司的老闆相談甚歡，也非常喜歡當時的公司文化、辦公室氣氛，作為一間新旅遊媒體，他們希望能有更多的編輯幫忙到各地採訪與產出旅遊內容。我在一個非常狀況外的情況下誤打誤撞認識這間旅遊新創公司，雖然當時的目標是尋找遠距工作，但我其實對這個職缺也十分感興趣，這樣從天而降的機會也讓我開始在想：「也許就是時機未到，也許我平常還是得找個辦公室正職，而遠距工作可能就先從兼職的方式慢慢投入。」

當時的我其實已經有「就算不是遠距工作也想要接下這個職缺」的打算了，不過，我還是好奇的問了老闆：「這份工作支持員工遠距辦公嗎？」沒想到老闆很爽快地回：「可以呀，我們的員工一週大概有一到兩天的時間會到外面的咖啡廳辦公。」

當下的那種感覺讓我有點難以置信，好像自己每天的禱告終於被聽見，雖然這個機會不是 100% 的全遠端工作，但我依然相信這絕對就是進入遠距工作的第一張門票，因此我也非常快地接下這份職務，同一個禮拜，我也接到來自宛庭的好消息，和我說我錄取了韓國新創公司的設計一職。

於是，我便從每天刷職缺、打零工，感覺什麼機會都沒有的瞬間，變成一次接下了兩份支持遠端工作的職位。星期一、三、四，我大概每天 9:00 從家裡出發去旅遊新創公司上

班，直到大約晚上 6:30 離開公司，晚上花大約一到兩個小時在家完成宛庭交代的設計案件，每週二和每週五，我開始嘗試在家工作或咖啡廳工作，那個時候是我第一次接觸 Slack（遠距工作的溝通軟體），而我也是從這裡開始打磨起自己的遠距工作溝通、協作等技巧。

我了解尋找遠距工作職缺時那種希望渺茫的感覺，但是我依然相信，機會是可以被準備與創造的，沒人會料到機會會在什麼時間點與什麼地方出現，而我從來沒有想過自己的旅遊部落格，最後會以「作品集」的角色為我的履歷加分，而我知道要是沒有堅持下去，我可能早就放棄每天投履歷，或者為不是那麼滿意的工作妥協。

在接下來的章節裡，我會和你分享踏上遠距工作之路所需要的準備，也會用一些案例與故事和你分享你可能沒想過的「遠距工作生活」。

我相信：機會是可以被準備與創造的。

1-2 遠距工作究竟是什麼？

　　一開始接觸遠距工作，我對它的理解完全是「可以邊旅行邊工作的辦公方式」。當時的我對遠端工作的認知非常膚淺，也從來沒想過自己有一天會開始鑽研相關的學問。

　　然而，從 2020 年開始，「遠距工作」這個詞出現在台灣的頻率越來越高，**這種夢幻的工作模式其實正是未來人人都有可能擁有的生活方式**，及早了解這種工作模式的訴求、本質，就更有機會比其他人提早接觸，提早走上未來的趨勢。

　　遠距工作在英文稱之為「Remote work」，除了遠距工作之外，你可能也會聽到像是遠端工作、遠距協作、在家工作、居家就業、遊牧民族工作者這樣的詞彙，在歐美市場中，它最早是被稱之為「TeleWork 與 Telecommute」雖然衍伸的詞彙越來越多樣化，但意思皆是指**遠距離的執行以及協作職務上的內容**。

　　透過網路或電話，人們可以在家裡或其他的辦公場合，利用遠端資訊的技術來做溝通並進行遠端資料的存取與及時

運用，這其實是一種科技上的大突破，也是現代人才能享有的特權。

遠距工作的興起與歷史淵源

這種工作理念最早是在 1957 年於美國提出，當然，一個新概念的誕生到普及需要很長一段時間，因此，儘管美國早在 50 年代就出現這樣的倡議，但真正開始落實是在 1970 年後才較為廣泛且有比較明確的定義。

遠距工作的「早期先鋒者」是美國的身心障礙族群，對於那些行動較為不便的工作者，開始會有社會機構協助企業，一起改善身障族群的工作模式。到了約 1995 年，歐美開始有越來越多企業為了讓員工有更多時間平衡私生活，減少通勤時間，或者讓新手媽媽有更長的時間能夠在家育兒，不用急著返回工作崗位，因此遠距工作的型態才越來越普及。

根據美國《時代》雜誌的數據統計，美國在新冠疫情（Covid-19）爆發之前，全職遠距工作的人數約為 3.4%，每 100 個美國人，就有至少 3 人是正在全職在家或遠距離辦公；而根據另一個統計公司 Gallup 的統計，嘗試過或有遠距工作兼職的人則是占 43%，也就是說，有四成以上的人可能都會在網路上從事一些可以在家辦公的兼差，或者是曾經做過類似的遠距工作。

從這些報告我們可以看出遠距工作在歐美的普及速率，尤其是從 2014 到 2019 年，美國遠距工作成長了 44%！

究竟是什麼原因讓遠距工作越來越流行呢？

原因有兩個：

1. 科技的進步

如同前述，遠距工作算是一種現代人獨有的特權，這件事情在古代是難以想像也難以實現的。如今，我們一步一步的突破當代科技的極限，克服了空間的限制，並極盡所能地利用線上資源，和來自世界各地的人一起競爭，一起合作。

2. 生活型態的改變

一般來說，我們總是覺得科技這種專業技術離我們非常遙遠，但是，科技其實正是生活型態的最大推手。從歷史的角度來看，工業革命改變了人們生活上的各個面向，社會結構也逐漸從農業社會變成工業社會，當社會結構變得不一樣了，我們的生活型態、每日作息、休閒娛樂也都會因此受到連動。

回到現代，如果我們的科技越來越進步，未來甚至會由人工智慧取代大部分的勞動工作，那人類就會開始重新思考生存價值（簡單來說，就是開始自我懷疑啦～）這樣的好處是會讓我們重新定義生命的意義，我們的意識會從工業時代的勞動精神退去，**渴望擁有更多的生活平衡，享受更豐富的私生活，以及更有效率的工作表現**，積極追求「價值」，因此，遠距工作的需求也越來越高。

台灣是在什麼情況下開始流行遠距辦公？

我們把場景拉回亞洲。台灣究竟是在什麼樣的情況下開始流行起遠距辦公呢？我認為大約是 2010 至 2015 年左右，當時有越來越多的華僑發現台灣市場的潛力，因此從歐美各國歸來回台創業，而帶起了新創風潮；同一時間，也有越來越多的外商公司聘請台灣的優秀人才，並且讓這些員工以遠端辦公的形式和母公司（通常是總部在歐美的企業）進行協作。

也因此，**台灣早期的遠距工作職缺通常出現在外商公司與新創公司**，那在什麼樣的情況之下，一間公司會願意釋出遠距工作的機會給員工呢？以下有四個常見狀況：

1. 剛來台灣設點的外商公司

其實，我的第一份兼職遠距工作，就是因為韓國總公司在台灣還未設立辦公室，因此讓台灣區的員工在家進行辦公。對於跨國企業來說，如果這個企業是想要進軍亞洲市場，很可能會先以「測試」的性質來驗證這個區域的營運和銷售狀況。

如果說公司的內部運作可以透過線上來協作，那找一間辦公室似乎就不是當務之急，畢竟員工不需要聚在一起才能工作，而這些國外的公司也可以利用當地人才的地利之便，省下一大筆辦公室的固定成本。

2. 新創公司的創始團隊

為什麼新創公司的遠距工作職缺比較多呀？很現實的一個原因是：新創公司的營業額可能還沒達到損益兩平或還沒有開始賺錢，在還沒有獲利的前提下，將營運開銷壓至最低會是起步階段最有效也最必要的經營策略之一，因此，每一位創始團員可能都會在各自的家裡，或約在咖啡廳一起工作。

3. 吸引人才的福利

近幾年，你可以看到越來越多國外甚至是台灣的公司，會在工作福利這一欄加入「可在家工作」的項目，主要原因是希望能夠吸引更優秀的人才，或是讓應徵者更有意願來投履歷。以台灣現階段的狀況來說，公司可能會先以「一週可在家工作兩天」或「每個月能在家工作三次」這樣的方式來吸引人才，因此也有機會從這樣的職缺中找到試試水溫的機會。

4. 部分技術僱用外包人員

這是最常被誤以為「只有接案或做 freelancer 才可以遠距工作」的例子。

有些公司可能有部分技術或一個短期專案，需要外包給技術人員或聘用專案負責人，這時對於這位專案負責人來說，他可能就是在從事遠距類型的工作，最常見的就是設計

師接案、工程師接案、行銷顧問等工作，不過除了部分技術外包人員能從事遠距工作之外，其實現在也有越來越多大大小小的公司，開始支持「全職遠距」的工作模式，這個我在之後的章節會做更詳細的說明。

數位遊牧的流行讓遠距工作增添了美好的想像

大約到了 2015 年，亞洲出現越來越多遠距辦公模式，但還是以「個人接案」的模式最廣泛，企業支持員工全職在家工作的案例依然占少數。同一時間，歐美遠距工作者也開始帶起所謂「Digital Nomad」的風潮，數位遊牧的流行使大家對遠距工作增添了一種美好的想像，帶著一台筆電、逐網路而居，到處在海島旅行、環遊世界，因此，自媒體、網紅、個人品牌也成為遠距工作的推廣大使，讓越來越多人想要加入這個工作行列。而究竟要滿足什麼樣的條件，才能夠支持遠距工作的辦公模式呢？以下有四種遠距工作常見的特質：

1. 資訊雲端化

遠距工作最實際，也是最多人難以克服的一點，就是「資訊雲端化」，雲端化包含用網路即可存取（代表這些資料可以上傳、下載，可以在其他裝置操作），並且可以利用網路協作（能在線上直接進行會議，甚至直接新增、修改工作內容），要能滿足雲端化這一點，才能夠真正的落實遠距工作。

2. 可攜式設備

手術房的醫生怎麼遠端工作？公務人員怎麼遠端工作？是的，如果沒有可以攜帶式的工作設備，如醫生一定要到手術台辦公，或是政務人員有一些維安機密的文件，都是在現代沒有辦法遠距工作的不可抗力因素。但是，各位有注意到我說「現代」嗎？我相信在未來的世代，也許連手術操刀都是 AI 機器手臂在進行，而所有的資訊安全網絡也會比現在的科技更加先進，因此，這是當代還沒有辦法完全遠距工作的主要原因之一，或許在不久後的未來能有科技上的突破也不一定。

3. 彈性地點

遠端協作強調任何地點都可以是工作地點，可以在家、可以在咖啡廳、可以在共同辦公空間，甚至可以相互交替，重點就是，**遠距工作應該具有「選擇地點的自由」這項特質**，如果是移地辦公或外派駐場（例如說被派到新加坡的辦公室工作）則不屬於遠距工作的範疇內。

4. 彈性工時

這並不是遠距工作的必備條件，卻是遠距工作的常見特質。彈性工時的起源是因為跨國公司沒有辦法讓各國員工在同一個時間一起工作（時差不同，大家工作的時間通常是以當地時間為主）這樣的結果發展出所謂的「**績效導向**」工作

模式。

也許每一位員工的工作時間依然是一週 40 小時，但當整個團隊是以整體績效為目標時，那這些員工到底花了多少時間工作，似乎就可以變得更有彈性。如果這個員工很容易分心，他在家工作時一天花超過 9 個小時才能處理完工作事項，那這可能是員工自己可以進步的地方；如果這個員工做事非常有效率，只要花 4 小時就能達成目標，那也是這個員工有能力，搞不好還可以談談加薪。

因為大家都不在同一個地點工作，用績效來評比工作效率，似乎是最人性化且最有效的方式，而透過彈性工時的特性，員工也可以選擇最適合自己的工作時段（有些人是晨型人，有些人是夜貓子）讓工作發揮最大效益。

當然，彈性工時不一定是每一間遠距工作的公司必備的特性，如果整間公司的所有成員都在台北，那為了工作的績效，大部分的公司依然會制定「上線打卡」的時間。

前述這三點（第四點不一定）會是構成遠距工作可能性的重點要素，如果你是想要從事遠距工作且即將踏入職場的大學生，可以去思考一下**哪種職業類型能夠克服資訊雲端化和設備可攜化這兩個重點**；如果你是工作一陣子想要轉職成為遠距工作者的人，也可以**先從自己的現有技能上獨立思考滿足這兩個重點的多樣可能**。

遠距工作本身需要的技巧並不困難，它通常是將「你

本身已具備的能力」數位化而已，例如行銷能力、廣告文案力、管理領導力、溝通談判力等。當然，每一種工作模式都有它的優勢與劣勢，大部分想要遠距工作的人都只看到遠距工作光鮮亮麗的一面，因此我也整理了一下我認為的遠距工作優缺點與你分享。

採用績效評比會是最人性化、最有效的工作模式，員工能彈性選擇最高效率的工作時段來完成任務。

遠距工作的缺點

如果你在未來想從事地點、時間彈性的遠距工作，有些現實面的問題需要克服，來看看會有哪些：

1. 需要很自律與強大的時間管理技能

剛開始踏入遠距工作圈時，我是個超容易分心且很不會管理時間的人，不會時間管理的後果就是工作不斷踢到鐵板，沒辦法完成主管交代的進度，變得更晚睡、更晚起，並且花更長的時間在工作上，因此這是一個必須要訓練的技能，不然苦的絕對是自己。

2. 一定要有電

我在想，這或許也能是未來科技可克服的一個障礙。但就現在來說，遠距工作者的確需要倚賴插座來決定當天工作的生死（？）。假如你又剛好是在旅行的狀態，你會發現歐美大部分的咖啡廳是不會有插座，也不一定有網路的。邊旅遊邊工作並沒有想像中的那樣美好、容易，而現在的情況就是如果你剛好正在旅途中，就容易因為沒有網路、沒有訊號、沒有電而影響到工作，你到了一間咖啡廳永遠都會先檢查有沒有插座與 Wifi，但如果是在家裡工作，這樣的問題便能減少很多。

3. 溝通的即時性

以前我在做遠距工作的職員時，最讓我心煩的一件事就是時差。當時我們的同事有人在韓國、有人在台灣、有人在北歐，而我則在美國，我們必須要用表單和被動式溝通交代好工作的進度及事項，遠端工作的弊端之一，就是有時候溝通沒有那麼即時，甚至有需要晚睡早起來開會之可能性。

有些企業的老闆是那種「如果員工沒有馬上回覆，就會懷疑員工在偷懶」的類型，這樣的思維也容易導致遠距工作的不便，公司文化應該要去設立相關的機制，讓員工更加感到被信任，才能有更健康的遠距工作環境。

4. 社交的缺乏

其實，獨立在家工作久了真的挺孤單的，一個人工作身邊沒同伴，也沒有可以討論聊天的對象，有時候甚至會一整天都沒聽到任何同事的聲音，這不僅是缺少腦力激盪的對象，有時還會降低工作士氣。

因此，作為資方，就算讓員工遠端工作，也要記得時常舉辦實體聚會，交流情誼、凝聚公司向心力；如果你是在外地的員工，也要積極的為自己的職場社交做規畫，多多去參加相關的活動、主動建立人脈。

5. 家人與環境的干擾

其實這是我個人在遠距工作的執行上遇到最難以克服的

痛點，以前與父母同住時，我就經常會聽到家人對我說：「姊姊你今天在家喔？下午去幫我跑郵局一趟好不好？」「郵差來了記得要下樓簽收欸！」「你今天不去辦公室？那衣服可以洗一洗嗎？」

現在說來會覺得有點可愛又有點好笑，但是當時的我心裡經常想：「為什麼爸媽總是認為在家工作就不是工作呀？哪有人會要你上班的時候幫忙洗一下衣服的？」

結婚之後，我遇到更大的難題是另一半也在家工作，那時我們的租屋處是一間小套房，因此我們經常就會有會議撞期、錄音、錄影撞時的問題而這也考驗了彼此配合的能力。我一開始會在週一、三、五固定去咖啡廳，週二、四換成我先生到咖啡廳或工作室辦公，以避免在同一個空間不斷干擾到對方。

我還記得 Covid-19 在美國影響最嚴重的時候，我們足不出戶，咖啡廳和圖書館也暫時關閉，遇到彼此開會撞期，我們甚至會輪流到車上或公寓屋頂上開會，後來搬到大一點的地方居住，才開始設定「敲門機制」（我在工作時，有事一定要先敲門，除非是緊急大事，不然一天只能敲門三次）。因此，家人與環境的干擾是我非常有感，也是直到現在都還在努力克服的居家工作難題。

遠距工作的優點

抱怨完遠距工作的缺點，我們來分享一下優點吧！

1. 地點的自由性

Yes! 這是大家最嚮往也最想達成的優點，只要有電有網路，你都可以工作，你可以在背包客棧、在飛機上、在海邊、在被窩、在任何你想要工作的地方工作！但是注意，我認為遠距工作本身提供的只有「地點上」的自由度，至於時間上的自由度，則會收關到你選擇的工作內容以及你的工作效率、時間管理能力，因此時間上不一定是最自由的。

2. 省時又省錢

當我開始全職遠端工作後，我發現自己省掉通勤的時間、省掉通勤的錢、省下午餐晚餐外食的時間和金錢、省下被同事慫恿而加入團購的錢、省下不小心和同事聊天聊到忘我的時間。

以前在台灣工作時，因為家住得比較遠，通勤都要花上一個半小時，一天交通費來回甚至超過百元，因此身為員工，遠距工作確實能讓你省下這些開銷與時間成本，而身為資方，也能夠省下辦公室租賃費與維持管理費。

3. 鍛鍊時間管理能力

我相信，所有剛開始從事遠距工作的人，都需要經歷一陣子的手忙腳亂，才能慢慢調節出自己在家辦公的步調，就算你原本是個時間管理很差的人，透過遠距工作的訓練，你也可以漸漸鍛鍊與提升自己的工作效率。

最大的原因就是：提早完成自己的工作，就可以趕快「下班」！你不用等到 6 點才能打卡走人，你不用裝忙，因為沒有人在看，只要工作完成，時間都是你的了！

遠距工作講求績效與成果，這種目標導向也能夠讓你更專注地去思考更快狠準、更有效的解決問題的方法，因此，無論你有沒有遠距工作，我都鼓勵你找一些 Project 來挑戰自己，訓練一下高效工作。

4. 更容易專注

少了辦公室的噪音、同事走來走去、他人大聲談話或做事被打斷等干擾，你可以更專注地一次完成一項任務。當然，這一點也很看個人，我還滿常收到讀者跟我說「只要一看到床就很想躺上去睡一下」的回饋。因此，如果有在家想睡、想吃零食、想玩手機之類的困擾，也要想辦法去克服。

不過，如果是一個人在家工作，被干擾的可能性至少還是比辦公室來得低，我們在辦公室常常一心多用，然而，一心多用不只會降低專注力和效率，更有研究顯示只要一件正在進行的事情被打斷，效率就會減少 20% ！

如果在家工作對你來說並不是一個最有效率的工作環境，也許你可以試試在咖啡廳、在共同工作空間或是在圖書館，但總的來說，遠距工作的好處之一便是能夠讓你去測試適合自己的工作時段與環境。

5. 企業與員工的雙贏

根據美國 Owl Labs 的調查研究指出，能夠在家工作或遠離塵囂的員工，有 80% 的人覺得工作的壓力減少了，其中又有約 24% 的人感到自己的生產力提高、工作效率更好、工作時的心情更好；而就企業來說，允許員工遠距工作的公司比沒有支持遠距工作的公司跳槽率更低，主要是因為員工感到被信任，在工作上可以更彈性的發揮，也可以花更多時間陪伴家人、提升生活品質，對工作的滿意度提高，也進而降低了員工想離職或跳槽的念頭。

當我們對遠距工作的起源、優缺與構成條件有初步的理解後，我們便能夠更有依據的去判斷自己是否想要、適合從事這樣的職業，若決定要進一步體驗遠距工作，也能更有方向地知道要從哪裡開始做準備。

1-3 疫情對遠距工作造成了什麼影響？

　　前陣子，我在一個訪問節目中被主持人問到：「妳認為這次的新冠疫情對自媒體或遠距工作產生了什麼影響？」這是一個非常好的問題，也是值得洞察未來的切入點，想了許久後，我回答：「2020 因為疫情而成為了自媒體與遠距工作的催生年，但絕對不是因為發生疫情，才有遠距工作的出現，而是受到疫情的影響，使得已經存在的遠距工作更加被關注，浮上檯面。所以，疫情可以算是遠距工作的推手之一，也給了我們踏入新型工作型態的理由與機會。」

　　我生活在美國重災區，生活的方方面面皆受到很大的影響，我大約是在 2020 年 9 月初受訪的，當時我們距離第一次居家隔離已經來到了第 6 個月，這 6 個月來，店家開了又關，關了又開，去超市買菜也被規定要與其他排隊結帳的人拉出約 2 公尺的距離。同一時間，我與在台灣的朋友通話，得知電影院、百貨、國內旅遊皆正常營運，感到不可思議也

難以想像，同一個世界，兩種生活，讓我羨慕起住在台灣的朋友。

美國今昔的街景對照
新冠疫情爆發前，每逢假日萬頭鑽動的熱鬧街景（上排圖示），對比疫情橫行的現今（下排圖示），不分平日、假日過去擠滿人潮的街頭盛況不再，令人不勝唏噓。

　　但是，把焦點拉回美國，我也立刻就發現美國開始出現更極端的「兩種生活」，同一個國家，卻因為經濟階級與工作型態的不同，演化出完完全全不一樣的人生。
　　我跟我先生都很幸運，我們都能夠在家工作，因此當疫

情一重擊美國，我們只需要關在家裡，煩惱著不能出門、不能旅遊、不能與朋友相聚等，和那些不能遠距工作且直接失去工作的人比起來，這些煩惱根本微不足道。

當時的美國出現了一面倒的情形，所有人被迫開始居家隔離，能夠在家辦公的就在家辦公，就連不能在家辦公的也想盡辦法將工作數位化，但 2020 年 3 月中旬，失業人口一週內暴增了兩千多萬人，2020 年 4 月統計出的美國失業人口高達近 15%，重創美國經濟。

美國 / **失業率**

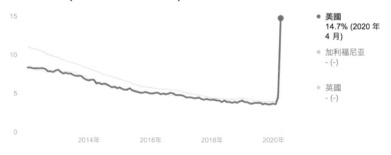

14.7% (2020 年 4 月)

● 美國
14.7% (2020 年
4 月)

◦ 加利福尼亚
- (-)

◦ 英國
- (-)

當時的我有事沒事就會打開相關的談話性節目來配飯，而許多社會學家就指出「遠距工作是中產階級以上的人的特權」。根據統計，知識型工作者比起勞力工作者更有機會實現遠距工作，而在一般公司行號中，薪水越高的人，通常也越容易立刻改成遠距上班。薪水高不一定代表職位階級高，

雖然 C 字輩的董事們相對更有特權，但薪水高的員工可能會是從事高知識或高技術的工作內容，而社會學家的數字統計，也為這個觀察做了佐證。

這項統計吸引了我的注意，說來打去，其實我從不覺得自己在從事什麼高知識或高技術的工作，且現在的線上課程滿街跑，光是我身邊就有許多後天自學的設計師與動畫師，知識與資訊取得的便利，也讓成為遠距工作者的門檻降低了一點，因此，我相信就算專家學者指出遠距工作是中產階級以上的特權，但只要你能看到這本書，你就有取得資源的管道，只要能取得資源，你就一定能靠自己的努力打造出適合你的遠距工作。

說實話，這幾年我自己在美國成立公司並從事全職的個人品牌經營，截至目前為止，也沒有任何的場合需要我去學習法學、醫學、經濟學或史學這樣的高等技術，我感覺自己這一路走來比較像是缺什麼技能，就去學什麼技能。當然，從另外一個角度來看，自媒體經營者或網紅很可能會被質疑專業程度與實際經驗，但就如同查理蒙格在《窮查理的普通常識》裡所提到的投資概念，我們盡量不要去做知識圈以外的事，就能夠避免專業技術被質疑。

然而，不做知識圈以外的事不代表知識圈不能持續成長，重點就是一邊學一邊做、努力補足自己知識與技術上的缺乏，不去打腫臉充胖子，實實在在的經營與充實自己的人生與專業技能。若是用這樣的概念來理解，那這似乎便是每

個人都做得到的挑戰，如此一來，是不是每個人都能夠從一些小地方選擇遠距工作的技能，並開始習得相關的技術，踏上遠距工作者之路呢？我相信絕對是有可能的。

「遠距工作是中產階級以上的人的特權」這個說法對，也不對。畢竟知識、資源、資訊的傳播與取得本身就是一種特權與優勢，對於某些身處在戰亂國家或第三世界的人來說，這些教育與學習資源不只取得不易，甚至還可能不存在。沒有管道接觸便沒有辦法認識，沒辦法認識則很難產生學習興趣，沒有持續學習，當然是很難成為擁有相關技術或知識的工作人員。

但，你一定要相信大腦的可塑性與命運的掌握度，**我們絕對有 100% 的生活掌控權去塑造日常的 Outcome**，資產階級或資源的不同影響的是資源取得的難易度，但絕對不影響我們的掌控權與選擇權，**環境可以影響你，但絕對不能決定你**，如果你今天能拿到這本書，你有電腦、有手機，那你就屬於「擁有特權」的一群人了，這也代表著你絕對能夠去思考與打造自己的理想生活，跨出那一步。

新冠肺炎改變了我們對「便利」與「生活」的認知

說到了理想生活的打造，美國社會學家與經濟學家也指出，這一波疫情很有可能會改變辦公、城市與生活的形式與定義。

因為新冠病毒的影響，許多原本住在城市的人開始搬

到市郊居住（我們就是其中一戶，原本住在洛杉磯，後來搬到北加的森林裡）這可能會**開始影響城市的房價與城市的景觀**，為什麼會有這種事呢？首先，在城市可以做的娛樂都沒有啦！我們不能到電影院、不能去餐廳用餐、不能參加演唱會或活動、去逛街也沒有店家開，那住在城市的理由似乎變得更少了；除此之外，住在市郊的房價較低、坪數較大，幸運的話，風景還可以更好，既然必須得長時間關在家裡做隔離，誰不想要居家的環境舒適點呢？

而也正如這些社會學家與經濟學家的觀察，**城市人口逐漸移出**，舊金山的租市（租房子的市場價格）開始往下掉，這根本可以說是史無前例（好啦，誇張了，但這幾年一直都是上漲的趨勢）的現象，舊金山一直是全世界房價數一數二高的城市，雖然價錢的浮動只有一點點，但這也開始讓大家開始思考：「對呀，如果能夠在家工作，我還有住在城市的必要嗎？」

在疫情重創美國期間，許多矽谷的知名科技公司如臉書、推特皆全數讓員工執行遠距工作，**經過這一次的強迫測試也帶來了一些正面回饋**，臉書宣布未來可能會有一半以上的員工以遠端協作的方式在家辦公，而推特則表示，等到疫情結束，員工可以自行選擇要回辦公室工作，或者繼續留在家裡辦公。依照這樣的邏輯去預測，城市的辦公大樓是否會減少？那城市還會有摩天大樓這樣的天際線嗎？我們還會住在公寓嗎？還是開始能夠在城市中找到獨棟、附有庭院、專

屬車庫的獨立矮房呢？

　　當然，這些都是假設，人類的生活型態是很難在短時間內有巨大的改變，也許，新型冠狀病毒在不久後的將來就徹底消失（希望如此），也許，科學家在這幾年就發現了克服全球暖化與極端氣候的方式，但不可否認的是，這一次的疫情很可能會改變或已經改變我們對於「便利」與「好好生活」的認知。

　　以前住在洛杉磯的下城，完全是因為我先生上班與社交的地點都在好萊塢附近，去參加其他的活動也都能快速抵達，而沒有這般便利之後，我們首先失去了必須待在城市的理由，再來失去了以往習以為常的娛樂。

　　我跟我先生都很愛試新餐廳、新酒吧，喜歡去看秀、看電影、更享受城市的風格與風情，而在搬到森林後，我們把去餐廳用餐改成在家下廚、試新的烘焙與料理；把去酒吧的夜生活改成在家裡學跳舞（上網找簡單的課程學騷莎與探戈）；把去電影院的習慣改成了在家打造投影室，每週五舉辦電影之夜；我們以前也熱愛與朋友到公園野餐，現在則是改成固定星期日中午會和親朋好友舉辦線上早午餐。

　　城市有城市的獨特與難以買到的體驗，也許，當這本書出版時，美國就可以回歸以往的正常值，城市恢復運作，但多虧了這一次的「災難」，也讓我們開始嘗試與體會不一樣的生活風格，好好生活究竟是什麼？什麼樣的日常叫做理想生活？也是我每天都在思考的議題。

你是否想過，如果你的工作地點可以依照你的需求任意更換，你還會住在這裡嗎？你還會住在城市嗎？你還會住在這個國家嗎？那你要去哪呢？你要過上什麼樣的生活？

遠距工作被許多人定義為「能夠一邊工作一邊旅行的Lifestyle」，但我認為，一邊旅行只是其中一種形式與一種選擇，**重點是一邊工作一邊打造理想生活**，而你的理想生活究竟是什麼？搞不好你會選擇住在同一個地方且大部分的時間依然在家工作，對吧？無論是什麼樣的選擇，這都是理想生活的一部分，**遠距工作有機會讓你落實「Live freely」的人生**，而這樣的生活對你而言是什麼樣子呢？我們先好好思考，才更能挖掘自己的核心動機，因為找到有內在驅動的動力，會是打造與追求任何事的成敗關鍵之一。

1-4 遠距工作會成為
台灣流行的辦公模式嗎？

　　許多學生會私下和我抱怨說：「我的工作型態是可以遠端工作的，但是我老闆就是不准！」或是「台灣的公司很少提供遠距工作的機會，找職缺找好久真的都找不到。」這些討論，總會讓我想到有一位住在美國的台灣朋友跟我說過的話：「我看美國流行的東西大概過了 5 年都會在台灣開始盛行，你看 Podcast 就知道了，所以遠距工作勢必也會有一樣的趨勢。」

　　我相信會問這些問題的同學，很心急地想知道遠距工作是否會在台灣普及，但我又認為，拿美國與台灣趨勢來談論這件事，無論是在格局上或核心層面都沒有辦法真正解決這些同學的問題。

　　如果要論遠距工作是否會在台灣「流行」，其實我不太確定，因為我覺得流行是流動的，這樣 trend 可能來了又走了，但是每當被問到「遠距工作會不會／什麼時候才會開始

在台灣流行？」我總會開始想像未來的世界。

　　我其實對於未來學、神秘學、宇宙與外星物種等議題都非常感興趣，因此我個人認為，如果要論比較遠的未來（2200 年之類的）我們所認知的國家單位可能會消失，形成一個大單位就是地球，而**我們都會是「地球國」的國民**，就像世界一家地球村的概念，在這樣的情況下，旅行的形式會改變，彼此開會、見面的形式也會有所改變，那在這時候，遠距離的辦公或移動式辦公，是否就會非常普遍？我相信答案是會的。

也許不是現在，但一定會是未來趨勢

　　我時常想像一幅畫面是自己在未來與朋友講電話，第一句話可能會問：「最近好嗎？你現在在哪兒？」朋友可能會回答：「我現在回地球了，你在哪？」我回：「這幾天我剛好到 R423 星球出差。」

　　未來的世界可能是能讓我們瞬間移動的，我們可能還會在太空船裡辦公，甚至到另一個星球去上班，當然啦，我們的通勤時間也許更加的被壓縮，從地球到月球也許只要 15 分鐘，因此，如果通勤跟通訊都變得更加容易，那也許有大量的工作是可以在不同地點，甚至是不同星球同時一起進行。這樣，我們就有了更便利的地點自由，不只跨國工作，更有機會是跨星球、甚至是跨時空，在這樣的情況下，一定會衍生出更多的職業都有那種可攜式的工作台（station）讓每個

人都能攜帶著自己的「專業」移動到需要移動的地方。

　　所以，我相信依照未來的趨勢，遠距工作能夠不斷突破當代科技的限制，朝越來越能遠端遙控的方向前進，但這也許就會是個全球性的革命與演化，不會只發生某個地方，格局上會是更大規模且更長時間的轉變。

　　但是在核心層面上，我們還有一個非常重要的問題沒解決呀！

　　想像一下未來的世界，如果「去工作、準備工作、執行工作、完成工作」都變得更加容易，我們的生活是否與工作更緊密結合，而不再將工作與生活切割得這麼細呢？我們會不會花更多時間在工作、待命，或者處理公事需要更即時，就因為可以更即時呢？換句話說，如果無論你在哪都可能要工作，那麼，在哪裡工作，還是一件那麼重要的事情嗎？

　　我們換個角度講，如果你在做一件你不是那麼相信或不是那麼有熱情的事情，可能花一分鐘你都覺得是折磨，那換了地點究竟是會得到救贖，還是更加痛苦？

　　我也曾經有「我喜歡這份工作，但我就是不喜歡坐在辦公室」的想法，我也曾經以為「只要我不要看到老闆，工作起來就會自在一點」。但是我後來發現，「辦公空間」這個角色完全是代罪羔羊，畢竟，與同事的和諧相處、與主管的應對進退，全都屬於「工作」的範疇，不是辦公室的範疇，

不是離開辦公室，就可以改變和同事溝通不良的問題，當然，環境會塑造一種無形的文化與氛圍，例如你有一些同事總愛諷刺，每到辦公室看到他就覺得討厭。但離開辦公室在家工作，依然是讓「辦公室」去背黑鍋，也許能夠解決一時的不快，卻不能根本的解決核心問題：**你對這份工作與其連帶利益有所不滿。**

　　如果你不喜歡你的工作，或壓根兒就是不想工作，那無論你是在海邊、在飯店、在咖啡廳、在法國，還是在月球，你都不會享受執行這份工作的感受；相反的，如果你能夠做一件自己有興趣或你相信的事情，那你就永遠不會覺得自己在工作，**與工時無關、與地點無關，最關鍵的要素是工作與你的關係。**

　　舉一個簡單的例子，如果這麼想要在家工作，其實現在在家裡做家庭代工、打字人員、客服人員或直播，皆是在家工作，那為什麼你沒有去嘗試或考慮這些選項呢？答案就是你除了希望能得到地點的自由之外，更想要利用自己的專業獲得成就感，你希望自己在做的事情能夠在技術上不斷加持、累積經驗與人脈，也希望自己能夠做一件有意義或有價值的事。

投入遠距工作之前，先檢視工作之於你的意義

　　在一頭栽進遠距工作的世界之前，我們可以先檢視一下自己現在這份工作：

① 是否有帶給你成就感？

② 是否有帶給你新的挑戰、讓你持續成長？

③ 是否能夠持續提升你的專業技能？

④ 是否能夠讓你累積作品、累積人脈？

⑤ 是否能讓你做得開心？覺得忙得有意義？

⑥ 你是否相信或認同自己在做一件有價值或值得做的工作？

　　有時候，我們只需要在根本上思考與調整工作帶給你的意義，就能夠解決「待在辦公室」的不悅感，所以，你是否要馬上加入遠距工作者的行列？我覺得不一定，先去重整工作對你的定義更重要。但是，**遠端工作是否會是未來的工作模式，我覺得會，它也許不會很快發生，但是絕對會發生。**而我認為它並不會以「流行」的型態出現，反而像是生物演化那樣一步一腳印在全世界革新著。

　　那我們將時空背景拉回現代，「到底要怎麼做才能開始遠距工作？現在有什麼樣的技能有機會遠距工作？」我知道這可能是你心中最好奇的疑惑，別緊張，我們從 Chapter 2 開始會分享遠距工作的硬技能與職缺搜尋等內容，但我們每一步都在步入未來，**與其問「什麼樣的工作可以遠距工作？」不如問「什麼樣的工作會是未來的工作？」**

　　我們都曉得，AI 人工智慧即將取代人類的大部分工作，《世界經濟日報》早在 2018 年就預告，到了 2022 年（也就

是明年啊！），機器可以完成的工作能多達 42%，到了 2025 年，這個數字會來到 52%，等於有超過一半的工作是可以靠人工智慧或自動機器完成。舉凡現在的自動駕駛車、醫療機械手臂與無人超市都是機器世代的萌芽足跡，這幾年內可能會出現一種非常極端的經濟結構變化，就是有一堆人失業，但也有一堆人開始創業，甚至開創一些過往不存在的商業模式與機會。

因此，無論你現在的工作是什麼，無論你有多想遠距工作，我們都應該思考一下自己目前所從事的職務內容，是否是一個很容易被取代或知識技術較低的工作？如果是的話，學習並提升專業技術才是當務之急，有沒有遠端工作並不是最重要的，因為那些現在可以在家做的家庭代工、串珠珠、打字、包水餃，都會一一被機器給取代，因此，**檢視自己的技能與未來發展性，其實真的比找到遠距工作更加重要。**

新冠疫情已催生出各種想像不到的遠距工作

有時候我都會想：「未來還會不會存在錢幣呢？」資產的形勢依然是金錢嗎？如果我們不是用金錢作為單位，理財相關的工作是否會消失？還有股市或房市嗎？還有證券交易所嗎？當然，我認為就算金錢消失，人類依然會用其他單位來衡量財富，但也許，富裕的象徵會變成成就、變成了經驗、變成了良善，也許越善良的人就是越富裕的人，未嘗不是一種可能？

我也在想，如果未來機器人幾乎可以幫我們完成大部分的事，那人類還要做什麼呢？人類是否會懷疑自己的生存價值（覺得自己很沒用？）但想來想去，我又覺得人類是一種追求成長與卓越的物種，總是會不斷地去挑戰並尋找生存的意義，因此，我們也許不會花大部分的時間在「執行」工作，但**我們可能會花大部分的時間在開創、研發或思考與創新和未來有關的事情**。那什麼樣的工作會是未來的工作呢？像是科學、醫療、設計、行銷、藝術、領導、研發、教育都是不錯的領域。

　　那，遠距工作在近期會有什麼樣的發展？我認為最具體且最快會發生的轉變就是產業多元化。

　　如同上一章節提到的，遠距工作大約是於 2010 年開始在台灣嶄露頭角，在前 5 年，大部分的職缺依然落在設計師與工程師身上。這類型的技能，幾乎可完全倚賴電腦獨立完成所有作業，當遠距工作的型態還不純熟時，這類型的工作只需最少的管理成本（意指主管最能夠看見你的進度和績效），並且工作的自主性也很高，因此大部分的資源，依然是落在掌握電腦技能的工作者手中。

　　不過到了後期，也就是 2018、2019 年開始，你可以看到許多外商和新創公司也逐漸接受產品經理、行銷團隊或是社群團隊以遠距離的工作型態來辦公。

　　隨著這個工作型態越來越成熟，它的範疇也能從設計師、工程師，擴展到各式各樣的產業和技能。言下之意就

是，我相信會有越來越多的藝術家、老師、廚師、會計、律師、房屋仲介、保險人員……那些你可能不認為可以遠距工作的職業，也開始遠距工作。有的人可能是自己去發展斜槓身分，有的人可能會是因為產業技術有所變動，或者客戶需求有所改變，因此也開始踏上遠距工作之路。

無論如何，**我們只要秉持著價值交換和需求導向的思維來去充實自己的專業技能，我相信利用網路資源和線上工具來發揮價值是遲早的事**。如同電影《侏羅紀公園》裡的名言：「生命自會找到出路。」讓我們一起邁向未來的時代吧。

Chapter 2

什麼樣的人適合遠距工作？

2-1 遠距工作跟你想的不一樣！

我經常聽到朋友跟我說：「我也好想遠距工作，但是我沒有可以接案的技能。」或是「我也想試試遠距工作，但又擔心薪水不穩定。」其實，這些都是我們對遠距工作定義的迷思所產生的錯誤認知。

幾年前，能夠不受地點限制的工作，大多是自由工作者居多，自由工作者大部分是接案維生。他也許有多種不同的技能可以去彈性辦公，或者是工作屬性屬季節性或特殊性質的工作（如演員、舞者、導遊……等）不然，大部分都是以純接案這樣 case by case 的形式來合作。

這也是為什麼大部分的人都以為遠距工作是一種工作量或薪水不穩定的工作方式，這是因為我們將遠距工作與自由工作者畫上等號，但其實不盡然如此。

自由工作者一般而言有滿高的機率可以遠距工作，但是**遠距工作者不一定就是自由工作者**，尤其這幾年開始有越來越多公司與企業提供居家辦公的選項，這些員工便是全職的

在家辦公，領著穩定的薪水，做著穩定的工作。

　　因此，台灣早期的遠距工作者多是自由接案者，但隨著這樣的工作模式越來越盛行，資方也有越多資源去學習和嘗試這種新型態的工作方式，而遠距工作發展至今，也能大略被歸納成三種形式：

僱傭制：公司允許你在家工作

僱傭制是我們最習以為常的類型，它就是可以自行選擇辦公地點的朝九晚五。像是上述所提到的工程師、設計師，甚至是保險業務員，只要你是**屬於某一間公司的正式職員**，而公司允許你不一定要在辦公室辦公，那你其實就正在執行「遠距工作」的工作型態。

我曾經收到一位讀者的來信問說：「如果是保險專員，經常要到不同地點拜訪客戶，有時候也會去咖啡廳討論公事，這樣算不算遠距工作呢？」我覺得這個算也不算，算的部分在於如果你的團隊主管允許你在「拜訪完客戶」或「拜訪客戶前」都能夠自由選擇處理文件的地點，那這就是彈性地點的遠距工作，但如果到某個地點工作本身就屬工作的一部分（例如導遊、婚禮主持人）那它似乎就不是個可以任由你恣意選擇地點的工作，然而，我認為討論這件事的意義也不算太大，如同前幾章節講述的，**定義工作之於你的意義才是最重要的**。

無論你的職位頭銜是行銷專員、社群小編還是專案經理，你都可能因為公司文化而得到遠距工作的機會。而我相信 2020 年的新冠疫情也許就讓許多原本是在辦公室的職員，首次嚐鮮到這種「在家工作」的體驗。

如果你本身有一些專業硬技能，且你認為自己的個性比較適合在團隊工作，那僱傭制的遠距形式，會是比較適合你

的類型。

這類型的工作通常**有固定的薪水、有時甚至也有固定工時**，是一個保障較高的工作。如果在台灣的話，通常也能與正職員工（因為你就是正職員工啊！）享有一模一樣的公司福利，包含獎金、假期、健保勞保。而比較常見的情況，是公司允許員工一個禮拜在家工作一至兩天（或一個月一至兩天），並且也可能會有上下班線上打卡的相關制度。

一般而言，這類型的機會大多出現在新創公司和外商公司，或者重視業績結果而非固定工時的企業文化中。主要的原因是歐美在遠距工作的發展比亞洲早了一些，對於如何管理、如何協作都比較純熟，因此也更容易允許自家員工在家辦公。

而說到企業文化，我相信這也是大部分勞工最苦惱的地方：「**我的老闆是老古板，他不可能會允許我們在家工作的！**」台灣大部分的中小企業因為沒有機會接觸到這樣的工作方式，因此根本不知道要從何開始，想到「開始嘗試」就是一種浩大的工程，便也打消了試試看的念頭。

我的某位好友近期接手了家族企業，他的老闆就是他爸爸，而從事印刷的家族企業也經營了好幾十年。一上任時，我朋友便與他爸建議將公司資料上傳到雲端（包含客戶資料、廠商資料、公司訂單），並且將公司的客服電話轉接至手機，這樣就算兒子不在公司，也一樣能處理公司事務。

不過他爸爸馬上回應：「**你為什麼會有工作時間不在公**

司的時候？我們現在的工作模式好端端的，大家也很習慣，為什麼要換？」

因為這席話，我朋友與他爸爸起了爭執，最後依然無法達成共識，並放棄溝通，朋友和我講電話時說了一句：「反正我爸快退休了，等他離開公司之後，一切就照我的方式來辦！」

我聽完後笑了出來，我朋友的情況算很幸運，因為他是公司接班人，所以他有權做這樣的更改，也有種跟老闆據理力爭。但作為一名員工，我們要嘛就是連提都不敢提，不然就是被打槍之後也不敢吭聲，或者是真的有嘗試革新，但沒法達成共識後也放棄了這個念頭。

我認為，想要一間企業開始一種新的工作模式，是資方和勞方都需要努力且共同學習的課題，老闆需要學會怎麼管理、怎麼信任、怎麼選人，員工需要學會怎麼溝通、怎麼執行、怎麼被看見。在後續的章節中，我們會詳細討論遠距工作常見的阻礙，但是簡單來說，想要讓一家傳統企業一夕之間進行遠距工作，可能會像是要一位愛吃甜點的人戒掉甜食一樣困難，除非有一個明確目標與清晰的內在動機，不然，還是建議先從新創公司與外商公司開始找起，勝算會比較大。

總而言之，第一種僱傭制的型態雖然比較少見，但相信未來是有機會朝越來越普及的方向邁進，這樣的工作形式，就如同換了地點的朝九晚五，保障較高、薪資也較穩定，但

也要求你有一定水平的工作能力才有辦法得到相關的職缺，現在的機會大多是以知識人員或技術人員為最大宗，勞力人員從事遠距工作的機會可能比較少一些。

合約制：自行找案源、自行決定工作地點

合約制就是一般人普遍熟悉的接案者類型，英文會稱作 Freelancer 或者是 SOHO 族，這類型的工作模式代表著你**不屬於某一間特定的公司**，而是使用特定技能，與不同的個人或是公司企業簽約，合作某一檔的專案。這類型的工作容易出現在翻譯、家教、插畫家、行銷企畫、設計師、婚顧、新娘秘書、行銷顧問、接案律師……等職業上。當然，在執行這類型的工作時，時常需要到特定地點來辦公，例如家教或是新娘秘書就必須到學生或婚禮地點來辦公，但是平常在執行行政類型的工作，例如準備課綱、接洽客戶時，合約制遠距工作者依然可以自行選擇你屬意的辦公地點。

如果你有某項專長或特殊技能，而你也非常享受獨立工作或與新的客戶交手，那這類型的遠距工作就非常適合你。

合約制遠距工作的優點是你有機會因為個人的獨特風格，找到一群死忠客戶，並且做著你熱愛的事情，決定自己每個月的薪水；缺點則是這類型的工作需要有比較好的**行銷技巧**，當然也要積極的行銷自己，畢竟這是一個**沒有底薪的工作**，能力好，有機會讓你月入六位數，如果怠惰或者遇到

淡季，則會有比較大的淨利落差。

如果你認為自己可以接受薪水幅度變動的差距，或者你非常想要深耕某一項專業技能、甚至創造自己的專業品牌或服務，第二類型的遠距型態就非常適合你。

2020 年，美國也因為疫情緣故，讓許多非常有創意的線上工作嶄露頭角，我就曾經看過有遠距工作的 DJ、舞台劇演員、保母，這些**我從來沒想過能夠遠距工作的職業，都被逼出了嶄新的創意！**他們到底是怎麼辦到的？我到現在還是覺得匪夷所思。但是我真的看過 DJ 利用線上通訊平台（通常是 Zoom）架設一個 Live 的舞台給自己，有些人便真的付費去索取 Zoom 會議間的密碼，在特定的時間內點擊會議室連結，觀看 DJ 或演員的表演。

事實上，我自己就曾經付費去看了一場 Zoom 版本的即興戲劇演出，這些演員在動作上設計了非常精緻的畫面呈現方式，讓遠端觀看的觀眾們又驚又喜，很有參與感也非常的可愛；而我也聽過保母在鏡頭的另一端與孩子對話、玩樂、講故事，就為了讓待在家裡的爸媽可以暫時專心做自己的工作。

我曾經和《個人品牌》的作者何則文聊到個人與企業未來的發展趨勢，則文提到，**未來企業的組織會解離、解構**，尤其因為疫情的影響，許多中小企業可能會意識到僱用人事的成本太高（資遣一個人的成本也很高），因此，企業可能會有越來越多的專業項目不想再養正職員工，而**個體與遠端**

工作也會因此而崛起。

礙於疫情的影響，我身邊就有許多原本在中國工作的朋友回台灣待在家裡上班，除了白天遠端進行著中國正職工作的職務外，晚上可能還會另外接一些廠商的合作案，進行遠端兼差。

而合約制的遠距工作其實也是斜槓身分與多元收入的獲利模式之一，就我個人的臆測，我認為這會是接下來幾年最主流的遠端工作形式。

在未來，也許每個人的基本工作都是三份起跳，也許是同一個產業，也許是完全不一樣的領域，例如有的人可能早上是辦公室的行銷職員，晚上會經營自己的行銷部落格，每個月也會兼差相關的行銷顧問案；又或者是有的人早上是瑜伽教室的任課老師，下午去咖啡廳打工，晚上會接一些手作飾品的創作案。

在我們爸媽的那個年代裡，一個人通常就是一種身分，做一種工作，一做就是 30 年，所以對上個世代的人來說，一時之間可能很難去想像未來的人「正常來說」都會有兩到三份（甚至更多）工作。

對傳統世代的人而言，想像一個人有好幾份工作，可能下意識會覺得：「這樣專長到底是什麼？這會不會很不穩定且沒有一份工作做得好？」而對未來的人來說，看著過往電扶梯式的工作型態，同樣也無法想像且無法理解，他們可能會覺得：「這樣專業技能不就很局限？這樣的生活難道不枯

燥嗎？」

　　另外，專業個體戶的崛起也能讓產業更加熟悉與外部人員合作、遠端配合的方式，以前像是律師、廣告公司、會計師等，可能都是公司去配合外部企業與個體，讓這些專業人士在公司外面處理公司的事情，這其實就已經是一種最直接的「遠距工作」了，可惜目前的傳統企業可能沒有意識到，也不了解遠端與外包的相似之處。

　　這些外部人員在執行公司委託的事（有時候甚至是重大企業機密）都可以藉由線上或其他辦公地點處理，為什麼公司內部的員工卻會在這時候被質疑遠距工作的成效呢？

　　因此，我相信合約制遠距工作的興起不只有機會成為崛起速度最快、最流行且最能讓市場接受的遠距工作形式，同時還可能因為公司將越來越多的工作內容外包給合約制遠距工作者，而有機會對遠距工作這樣的工作型態越來越熟悉，進而學習與了解其運作與管理方式，讓企業文化推向第一種遠距工作的模式。

創業：自己當老闆，由你決定工作地點

　　創業並不是一個絕對可以遠端進行的工作，這完全是因為身為老闆的特權可以自由選擇工作地點。那為什麼要特別提創業這個類別呢？因為在未來，創業的門檻也會越來越低，例如現在到處可以看見各式各樣的微商，網路創業也都可以以副業的形式開啟，這就變成上述所提到的斜槓生活，

白天上班，晚上做副業，如果選擇的副業形式也以線上為主，更容易達成遠距工作的可能性。

當然，創業類型的範疇廣泛，以實體創業來說，也許你是在開發面膜與保養品，你會有工廠與配合的廠商，但你可能不用長時間待在工廠或辦公室待命，許多行政與開發的事情甚至是在筆電與手機上就能進行；如果你開了一間手搖飲料店或餐廳，你可能也不用真的到店面去下廚或招待客人，通常都是會僱用店長來張羅所有大小事，那你自己就不太需要親力親為的在特定地點工作。

電商也是這五年來越來越盛行的商業模式，假如你是一位電商經營者，你在做代購或者在網路上賣飾品，雖然這些實體物件需要一個空間來當倉庫，或者需要你實際去採買、實際去設計商品，但同樣的，當你在做行政工作、處理訂單、客戶服務時，都可以在線上辦公。

創業類與合約制的遠距工作一開始非常相似，但他們有規模和執行上的差異，很多由合約類出發的自由接案者，因為業務量需求越來越大，或者有其他業務拓展的打算，最後都有機會走向開設公司或工作室。

我個人認為合約制與創業最大的區別就是自由接案者通常需要一項專業的技能，並且主動販賣那項技能給有需要的人；而創業則不一定需要專一技能，有時候只要有想法、有夥伴、有資源，便可以開始設計產品或服務。

如果你是個喜歡張羅大小事，也想要擁有自己事業的

人，那便可以試著在網路上做微型創業，也許是開發產品、代理產品，開始做銷售。這類型的遠距工作比較複雜也比較繁瑣，比起前面兩種遠距工作的類型，可能也需要比較多的本金和比較長的前置時間。

因此，**如果想要從事遠距工作，我會建議從僱傭制或合約制開始著手**，未來再視情況考慮創業也不遲，若真的要走向創業，我也建議一定要有個明確目標與願景，或者至少要知道自己的品牌能夠解決市場上的什麼問題，不然，創業與副業皆有許多延伸難題與隱形成本，這些或許都是作為職員與接案者不需面對與承擔的責任壓力。

遠距工作不等於接案，也不等於創業

話說，遠距工作難道只適合會電腦的人嗎？遠距工作只能以自由接案者的形式來開始嗎？不全然如此；有很多人會以為遠距工作等於薪水不穩定，其實這是不正確的，因為確實有許多歐美公司或新創公司支持員工在家工作，並且支付固定薪資、享有全職員工等同福利，甚至一樣有相關的獎金制度。

況且，只要仔細思考就會發現，想要遠距工作不一定只能「找一份遠距工作」來做，如果你在玩股票或收房租，而且獲利的金額每個月都能超過你的基本開銷，那你也可以享有遠距辦公的自由（你甚至可以不用工作，或者自由選擇想做什麼）。

因此，想要開始遠距工作，我們可以先思考你想要「由他人供給薪水」或者「自行爭取薪水」，當然，兩者同時進行也是可以的，絕對沒有只能二選一。

　　接下來，我們會花更多章節去討論技能分析的方式與尋找遠距工作的小技巧，現在，我們只需要認識遠距工作的多種形式，有個基本的概念，思考一下自己可以與願意從哪種類型開始試水溫，一步一步的規畫你的遠距工作之旅。

　　高中畢業後，我因為有相關的一技之長，所以開始以接案的形式來嘗試遠距工作，雖然說是這麼說，不過那個時候，我其實根本就沒有聽過「遠端工作」這個詞彙，單純就只是把這件事定義成「接案」，從一些數字銀行開始找案件、競標、比稿，然後在家把這些設計作品完成；2016 年，我首次接觸到願意讓我在家工作的公司，那時的我也成為了第一類「僱傭制」的遠距職員，每個禮拜一樣要開週會、每天都要做工作紀錄，每週也要做成效分析報告，工作內容其實十分相似，工作時數也很固定，差別就只是在家裡進行而已；2018 年，我從副業的形式開啟了「佐編茶水間」Podcast 節目，每天工作完就在家寫文章、錄音、經營臉書社團，經過了一年，我才從白天的正職「畢業」正式離職，開設相關的公司並在美國創業。

　　因此，這三種遠距工作的形式我都嘗試過，它們各自都有優點與缺點，哪一種比較適合你，端看現階段的你對於工作的需求是什麼？

以我的例子來說，高中畢業後我開始接一些簡單的視覺設計和網頁設計案，不是因為我不想找到遠距工作，而是大部分時間還要兼顧學業，而那時候接案也只是想賺錢，沒有其他職涯規畫，所以完全沒有想那麼多；後來開始在外商公司做一名遠距職員，也不是因為我不想創業，而是我完全沒有這方面的概念且根本不曉得怎麼開始，是直到後來我比較有商業概念，專業能力提升，也覺得自己稍微有所準備，才踏出副業那一步。

　　所以，依照你人生階段性的變化，你的專業程度與經驗會不同，能夠勝任的事情不一樣，想要的生活模式與理想生活皆會有所不同，釐清自己當下的訴求，再去做下一步的規畫才是最適合的唷。

2-2 你是一個什麼樣的人才？

　　前幾個章節，我們不斷地提到遠距工作容易出現在新創公司與外商公司，那究竟新創與外商需要什麼樣的人才呢？這個範圍非常的廣，不同的產業也有不同的需求，但是在基礎架構上，有幾種技能是一定派得上用場的，我們就先從新創公司開始聊聊。

新創公司需要什麼樣的人才？

　　新創公司又稱為初創企業（Startup Company），這樣的企業致力於探索可重複和可擴展的商業模式，通常是**處於商業發展和市場研究的階段**。

　　如果我們從最基層的定義上來探究，新創公司因為處於商業開發與研究階段，因此它勢必需要**商業開發人員與研究開發人員**。也因為新創產業通常是開發新型態的商業模式，因此很可能會與科技或未來趨勢有關。

技術研發

以一個開發中的企業為例，常見的技術人員可能會有工程師、分析師或〇〇學家。依照不同產業，所需要的專業技術也不一樣，像是工程師可能會是寫程式語言做網站或應用程式的工程師，也可能是開發一個實體產品的工程人員（例如自行車、Gogoro）當然，比較可能有遠距工作機會的會是Coding 類的工程師。另外像是資料處理類的分析師也經常是新創公司需要的人才，畢竟草創階段需要做很多市場測試，勢必也需要一些能夠將大量資料作出精確分析的數據分析師。

有時候，因為產業類別的不同，新創公司可能會需要像是生醫工程師（生科類或醫療類新創）、資料科學家、統計學家等特別的專業人員來勝任一些特別的需求。

這也是為什麼新創公司通常喜歡找高端技術的專業人員，因為這些公司通常都會有一個特別的技術或產品想要去克服、去驗證，因此，如果你對技術研發類的工作感興趣，我相信把相關的技能培養起來（尤其是科技類），未來絕對會很實用。

商業開發

其實任何企業在任何階段都需要做商業開發，而新創公司可能要面臨的開發難關，就是**如何規模化自己攻占的藍海市場，或是如何以特別的切入點進攻紅海市場**。也因為整個

企業都在開發一種「新穎」的概念或產品，因此商業開發團隊更需要著重於怎麼「教育」受眾和潛在合作對象。

　　這也是為什麼在新創公司的商業開發人才需求裡，設計師就非常的重要，這個設計師如同上述說到的工程師，他可能需要設計網站或平面視覺，也可能是需要工業設計背景的實體產品設計師，或者是對該產業熟悉的產品經理，這樣的設計人員必須要非常知道使用者經驗與流程，最好也懂一些產品設計心理學，才能夠落實「教育觀眾新概念」的這個訴求。

　　除此之外，專案管理人員也是新創公司非常重要的關鍵人才，草創初期很可能有許多混亂的目標與鬆散的組織架構，透過專案經理的張羅，可以有條有理的把各部門之間對內對外的橋樑接起來，讓整個公司的營運更順暢。

　　最後，說到商業開發就一定也會提到行銷團隊，而我個人認為，新創公司對行銷團隊的需求可能不會只是寫寫企畫和想想活動這樣而已，一個新型態的創業公司更需要的是成長策略設計，例如「成長駭客」（Growth Hacker）就是近代才發展出來的新職位（沒錯喔，這是一個職位名稱）主要就是一種專門負責公司內容、營運或銷售上的成長策略師。

　　等一下！難道新創公司不需要行政人員嗎？當然需要，一間公司一定會有像是人資、庶務、助理或基層人員的職位，然而，如同先前所提到的，以目前的遠距工作生態來看，身為高知識或高技術人員就是比較吃香的，不只是因為

新創公司需要新興技術，也因為高端技術人員有比較高的籌碼去「談判」，有時候，遠端工作也可以作為一種福利去和公司協商。

可是如果我們現階段沒有上述的技能，鍛鍊又要花好久時間該怎麼辦呢？其實，並不是每一間新創公司都只需要高科技人才。事實上，在我第一次遠距工作的經驗裡，我進到一間新創旅遊媒體做內容行銷企畫部的人員，當時公司正在開發 VR 旅遊體驗，因此我們有一個部門真的都是科技人才，裡面有專業 VR 攝影師、互動設計師以及相關的工程師，每當我看著這些同事開發 VR 旅遊體驗，都覺得驚奇無比，而我自己則是負責景點採訪與內容產出的職務，畢竟，旅遊 VR 體驗也要調查能玩什麼、能拍什麼，因此，我與幾個同事就負責「踩點」，生產線上內容並做更多的商業開發。

當時的我完全不認為自己在做什麼高科技或高技術的工作，但是，在快步調的新創環境中，也耳濡目染地對行銷企畫與商業開發越來越熟悉，因此，如果你有機會以實習生的角色進到新創公司，相信也會是很棒的學習機會。

外商公司需要什麼樣的人才？

聊完新創公司，我們來談談外商公司的定義是什麼。外商公司指的是總公司不在台灣（或不在本地）但在本地有分部且由海外總公司出資 50% 以上的公司。根據統計，最常見的產業為資工、機械工程、行銷營運。其中以日商的需求最

高，其次則是香港、新加坡⋯⋯等星馬地區。

我個人認為，外商公司與新創公司最大的差距之一，就是外商公司「通常」是技術研發和市場測試都相對更穩定的公司。畢竟仔細想一想，一間企業在什麼樣的情況下會想要跨出國界、拓展海外市場呢？通常是因為自己國家業務已經吃飽飽或看到海外市場的潛在商機，在這樣的前提之下，這間企業的技術和市場一定更加穩定，那他們更需要的，很有可能就是業務拓展與營運管理的人才囉！

業務拓展

同樣的，業務拓展是每一間企業都需要的人才，然而，產品或服務技術越成熟的企業，就越是需要有好的推銷員或行銷團隊讓已經開了花結了果的企業被更多人看見。因此，外商公司絕對需要大量的業務員，有的時候，我們也會稱之為 BD（Business Development）而身為海外人才的最大優勢，就是你會有「語言、文化與地利」之便，光是這三個最基礎的優勢，就已經讓你有一半的合格條件。

以前在韓商公司工作時，宛庭就是個身兼多職的經理人，我經常看她到處聯繫知名電信業者、電影院、雜誌集團，並尋找合作的機會。當時的我不太確切知道她負責什麼工作項目（只覺得她好像負責很多事情），但宛庭經常要準備 Presentation，裡面有我們團隊過往合作過的企畫、成效表現和相關的合作方式。有一次，宛庭帶著我去和一間知名的

女性雜誌集團開會，開會的過程中，宛庭基本上就是和對方介紹我們到底在做什麼、提供什麼樣的服務，以及能為對方帶來什麼樣的效益。當時的我坐在一旁旁聽，才逐漸理解到原來這就是業務拓展，這就是一間外商公司需要的人才。

因此，想要進到外商公司，我們就必須站在資方的立場想：「**一間公司大老遠從海外到台灣來拓展市場，他們到底需要什麼？他們到底缺乏什麼？你可以怎麼協助他們？**」很多時候，他們真正需要的其實是對當地文化瞭若指掌且熟門熟路的人才，這不僅能幫他們跨越語言隔閡、文化屏障，當然能更快速的提升海外市場的銷售量。

營運管理

依照外商公司的規模，他們也很可能會需要駐點在當地的人力資源與客服團隊，若有商品想要銷售到海外，勢必也要有懂當地語言的經理人，人資們因語言和文化相同，也能更精準地挑選適合的人才，而只要有消費者，就必須有客服，因此外商公司在行政類的人才需求其實是最多的，且普遍薪資待遇都比起本土企業更佳，通常能夠給出台灣薪水的 1.5 到 3 倍薪資來吸引台灣人才，雖然是基層人員，但待遇也相當不錯。

當然，作為外商公司的營運團隊，外語能力就會是一項必備的技能，總不能與國外團隊開會時，都聽不懂團隊目標與團隊分工是什麼，如果是客服人員，也至少要看得懂產

品或服務的原文內容，才可以去用自己的語言解釋給當地客戶，解決消費者可能會有的問題。

因此，如果你有第二或第三語言的能力，並且想要開始嘗試遠距工作，我非常推薦你從外商公司開始尋找，尤其如果又有業務能力的話，相信沒有一間公司會不想要更多業績的！

說來很有意思，當時我去應徵韓商公司的職位時，完全沒有想到「自己完全不會韓文」這件事，反而是被通知去面試後，才開始想說：「誒慘了！希望不會說韓文不要變成我的絆腳石。」然而，因為這間韓國公司是一間國際公司，公司內的員工來自世界各地，有日本團隊、巴西團隊、法國團隊、美國團隊，大家為了方便，全都以英文溝通。雖然，任何語言都有它的優勢，但我相信英文的市場在目前的年代來說還是比較吃香的，不過，我自己認為身為台灣人也是非常幸運的優勢，因為華語市場何其大，光是會說中文，本身就是種難以取代的優勢！

總結一下，遠距工作究竟應該具備什麼樣的專業技能呢？我認為最重要的還是要以自己的興趣出發。想要從事遠距工作的人，八九不離十都是因為想要有更彈性的時間、地點，並且能夠樂在其中，因此，建議先去思考一下自己有感覺的產業、職業是什麼？如果想要往新創公司發展且喜歡研究、喜歡創造，那我相信你可以往工程、分析、設計、策略、研發等方向發展；如果對商業開發感興趣且喜歡與人交

流，那我認為專案管理、產品經理、行銷企畫都是不錯的方向；倘若你想往國際人才的方向發展，**語言能力、業務能力、管理能力或領導力都是必備且到哪都很好用的技能**。如果你目前正卡在科系選擇、職業選擇、轉職等關卡，且又想要開始嘗試遠距工作的話，不妨參考一下上述這些「百搭」的專業能力，相信一定能對日後的遠距求職有幫助唷。

2-3 遠距工作者的必備軟實力

　　從新創與外商公司的需求了解到可投資的硬實力技能後，我們就要來聊聊身為遠距工作者最重要的「軟實力養成」。

　　如果我們把硬實力比喻成自由入座活動的入場門票，那軟實力就是能夠讓你入場後快速通關且盡早選位的 VIP 票券。能夠進到場內的人，都是有一定實力且有實質技術的人才，優秀的人才很多，實力堅強背景很硬的人也很多，你會的技能其他人也都有，那你究竟有什麼特別之處？有什麼加分條件呢？

　　這其實是我們每一個人都必須考慮的現實問題。隨著資訊流通的速度壓縮，養成一項技能所需要的時間成本也越來越低，有些人可能是非本科系，後天養成的設計師，跟你一樣有美感、有熱情，也會一模一樣的應用軟體，甚至要求的薪資還比你低，那樣的話，我們的決勝關鍵會是什麼呢？答案就是：軟實力。

換個角度想想：前幾章節提到，AI 革命的到來指日可待，所有機器人與人工智慧都能夠在專一領域上做深度學習，甚至用更短的時間，完成比人類更優質、更少出錯率的任務。但是，目前的機器人開發依然是以「專才導向」為目標做設計，我們希望這些科技幫手能以非常明確的目標，高效地完成非常明確的專案，但這樣的人工智慧就難以同時處理多個矛盾的任務。

　　例如，假設你是一位專案經理，同時也有另一個機器人作為另一位專案經理，這位機器人做事比你快、出錯率比你低，但這些都只停留在完成任務的階段；同一時間，你雖然花更多的時間在與各部門的人員溝通上，但你總是很顧慮底下團隊的心情，你會幫員工說話、爭取機會，你總是記得在佳節的時候送禮給客戶，你會主動問候、關懷合作夥伴，你甚至可以感受出客戶沒說出口的顧慮，並體貼的幫客戶思考第三選擇。你想想看，身而為人，你會比較喜歡和哪一類型的專案經理一起工作呢？

　　因此，雖然人工智能的世代已經來臨，但我相信人類也沒有那麼容易被取代，我們反而會走向**更高端、更細緻的服務，而你需要具備的能力**，就不能再只是專一特長而已，若只有單一專長，就算沒有被機器取代，也可能會被其他同輩甚至是晚輩給取代。我們要的，就是將自己訓練成為所謂的「T型人才」，T 字上方的橫槓為軟實力，下方的直槓為某個領域的特殊技能。我們還是要擁有一個以上的專業作為個

人的技能主軸，但是，同時也要是能夠具備多樣軟實力的通才。

跨領域、專業知識和思維廣度

專業素養深度

T型人才

在遠距工作上，我認為有六個非常重要的軟實力需要去培養，它們分別是：「主動積極、工作效率、表達能力、自我管理、個人風格、溫柔細心」。

1. 主動積極

主動積極是史蒂芬・柯維（Stephen Covey）在《與成功有約：高效能人士的七個習慣》一書中所提到的第一個重要

習慣。主動積極乍聽之下容易，做起來卻不是那麼簡單，你現在仔細想一想，身邊有哪些親朋好友是特別積極、特別主動的？相信你肯定已經淘汰了某一部分的人了，對吧？

在遠距工作上，如果我們總是以被動消極的心態來處理職務，一定會大大地耽誤工作效率，哪一間公司會想要僱用一個既不主動又不積極的員工？儘管你工作能力再好，都可能因為這樣消極的態度而成為不適任的人選。

因此，主動積極與心態和信念有關，想要成為一個主動且積極的人，首先，你可以先去看看史蒂芬・柯維的所有著作，並且去了解如何養成成長型心態；再來，你選擇的工作也非常重要，一份你不相信、沒興趣且只是想要糊口的工作，一個再主動的人都難以拿出積極的態度來面對它。所以，**調整自己看事情的心態並選擇那些對你有意義的工作，主動積極的態度就有機會出現在你身上了。**

2. 工作效率

工作效率包含判斷能力、決策速度、時間管理與專注力。想要高效工作，你必須知道要如何分析出子專案、細項優先次序應該如何安排、哪件事比較急？哪件事可以晚點做？怎麼做是最有效的？如何應用手上的時間？有突發狀況時要怎麼應對？是否可以加快做決定的速度？是否能夠減少分心的次數，更專注的完成手上的任務？

我個人認為，**高效工作是一個任何人皆可養成也都應**

該要養成的軟實力，且就績效導向的企業而言，高效工作可說是勝任職務的必備條件，尤其**從事遠距工作時，你越有效率，就有機會做到工作與生活的平衡**。如果取得工作與生活的平衡對你而言夠重要，那你勢必就會更珍惜、更有毅力且更有責任感的將這個能力鍛鍊起來。

好消息是，從事遠距工作的確有助益工作效率的鍛鍊，畢竟你做快一點，剩下的時間就是自己的；事情做好一點，還有機會加薪、升職或爭取更多公司福利、得到更多案源……等等，可說是一舉數得且雙贏的技能。

市面上有許多分享與時間管理、高效工作有關的書籍，我個人推薦的有：《間歇高效率的番茄工作法》《把問題化繁為簡的思考架構圖鑑》《大腦整理習慣》《遠距工作模式》與《下班後1小時的速效學習攻略》……等，而我們在後續的章節也會分享怎麼樣把遠距工作做得更好，讓你投入 20% 的成本，卻能獲得 80% 的成效。

3. 表達能力

一位遠距工作職員在外商公司任職時會碰到多個團隊（甚至跨國籍、跨時區）的緊密合作，而在新創企業上班的遠距工作者，則會面臨 Fast-Paced 快節奏、快步調、快決策的溝通挑戰，因此，如何快速切入主題、講話是否有重點、能否明確提出具體解決方案、能否聽出主管的話中話、能否用簡明扼要的方式來主持與參與會議，就會是遠距工作的一

大考驗，而這當然也有機會成為你脫穎而出的加分條件之一。

同樣的，我也認為**表達能力是一種能夠被訓練、被優化且任何人都能靠刻意練習來持續進步的一種技能**，而遠距工作的好處之一，就是你極有可能是非即時的遠端溝通，這就代表，我們大有機會做足事前準備。

無論是文字、視訊的會議、訊息、討論或報告，遠距工作者大多可以在會議前得知大略的討論主題與要點，而通過充足的準備，也能夠練習一下表達方式與梳理重點，擁有良好表達能力的人，通常工作效率與合作流暢度都能更好，那它自然也是種為你加分的軟性技能。

4. 自我管理

自我管理的項目攸關到私人生活、同儕關係與職涯發展。其實，工作與生活的平衡並不是將兩者完美分割，而是緊密的結合著，尤其當你真的開始在家工作後，你一天的行程很可能會是私人與工作行程同時混搭，你的私生活中過得如何，也會大大的影響工作表現。舉凡睡眠、飲食、運動、娛樂，以前在辦公室上班時，你可能可以有固定的上下班、午餐時間，但在家工作之後，你很有可能會忙到忘了吃飯、忘了喝水，又或者是工作效率太差，造成必須晚睡來完成工作，早上又起不來，再次影響了工作的進度，造成惡性循環。而當你的工作場域是家裡時，我們一個人一天的活動量

也會大幅下降，少了通勤與跑業務的各種差事，叮嚀自己每天運動也成為自我管理的重要環節。

除此之外，一個人在家工作的缺點之一就是社交的缺乏，你可能要自己更主動地去參加與產業相關的聚會，要和同事真的出來見面、一起到咖啡廳工作，同時，你也要在業餘的時間進修相關的技能，加強自己各方面的專業，才不會默默地走入舒適圈而停止進步。自主管理其實有點像主動積極，但管理層面更廣，也要求你要更進取、更自律的去設計除了工作以外的生活。

我們每個人的人生重要基石都環環相扣著，包含親密關係、職場生活與個人生活，假設你和你的另一半在上班之前因故起爭執，其實也會影響著你的工作表現，因此，以往的觀念裡，或許我們能將這些基石畫分得很清楚，但在未來的社會中，我們的外在成就永遠是建築在內在成就之上，想要強化工作表現，應該先從私人生活的細節中開始做調整。

5. 個人風格

無論是否從事遠距工作，擁有特別的個人風格一直都是加分條件之一，因為它提高了你的不可取代性，有些故事只有你能說，有些事情只有你能做。尤其如果你想要從事設計、藝術或任何與創作有關的產業，發展出自己的特色就變成你的職責之一。

至於我們究竟該如何培育特別的個人風格？我認為就

從多方位的視角開始培養起。**想要擁有多種看事情的角度，簡單來說，就是要先擁有一個精采且多樣化的人生。** 如果我們的日常全都只有工作，那肯定也無法做出什麼太有創意的事情。因此，除了工作的產業，你得開始接觸更多跨領域、跨文化、跨屬性的項目，例如你可以多多了解歷史故事、多聽音樂、看電影，經常出外旅遊、參加博物館、嘗試不同國家的食物、從事戶外活動、嘗試極限運動、做手工藝、當志工、寫寫文章、閱讀奇幻小說⋯⋯等。

無論你在做什麼樣的行業，如同自我管理一樣，我們都是**得先活好，把自己的生活過得精采，我們才有更多的素材庫去激盪出新的創意、新的想法**，而個人的風格也是透過看得夠多、試得夠多，才能夠漸漸開發出所謂的原創，**讓你越來越難被取代。**

6. 溫柔細心

以上五項遠距工作必備的軟實力，你可能多少都聽過、看過，也大概能夠猜到，但最後一項「溫柔細心」是我遠距工作近五年來體悟非常深刻的一點。

我雖然不是神經真的很大條，但也不太算是一個細心的人，在遠距工作初期，我就經常因為自己的粗心大意，而造成溝通誤會、做白工等來回跑的事件。現在的我認為，**作為一個細心的人或個性比較體貼的人，真的在遠距工作上的表現會比較好**，這些人就是因為心思細膩、做事謹慎周到，

所以可能會 Double-check、會將表單上的細節註明清楚，他會縮短網址、整理排版，讓觀看者感到舒服，他也會標記色號、將重點畫上螢光筆，節省合作者與主管思考的時間。

　　有的時候，正是因為一些粗心小錯，讓整個工作進度大 delay，例如我以前就經常遇過他人傳送 Google 文件給我時，忘了開啟 Google 權限，導致檔案無法開啟的情況，而且，這件事發生的頻率絕對遠比你想像中還多！你可能會在想：「怎麼會忘了這種事呢？怎麼會傳錯連結呢？這不是一件很簡單的事情嗎？」事實上，**越簡單的事情，我們就越容易因為掉以輕心而犯下不該犯的錯誤**，這樣的錯誤雖小，但累積起來卻很可觀。有時候正是因為字型或字級設定錯誤，或者是圖片忘了置中這樣的無聊小事，而大大的損耗了你的能量，你不僅會覺得：「為什麼我每天都在處理這種雞毛蒜皮的事？」之外，也可能因為心情受影響而更加的浮躁，尤其如果又有時差的阻礙，一點小錯，就可能會落後了一天的進度。

　　另外，因為遠距工作難以感受到對方的情緒、感受，有時候也看不到對方的表情，在用字遣詞或語氣上也很可能造成誤會，會讓對方不小心腦補成其他意思，因此，**如果能夠更有自覺地將語氣設定得溫柔一些**，適時抽換用字，也許可以讓與你共事的人更加舒服，工作起來更加順暢。

　　你可能在想：「如果我本身就是個粗神經且大喇喇的人該怎麼辦呢？」我相信，只要你螺絲吃得夠多，鐵板踢得

夠痛，你就會願意更加細心的處理遠距工作，因為我就是個實際的案例。有些時候，我們確實會因為個人的性格不同，而有不同的做事方式，但假設你今天是一位高敏感族群，和一個本身就有點遲鈍的人相比，你就是得做更多的練習來降低自己的焦慮感，因此，我認為變成一個細心的人沒有什麼妙方，就是多留意、多上心，自然能夠減少工作上的人為錯誤。

　　以上便是我認為從事遠距工作最重要的六個必備軟實力，這些軟性實力都能夠透過後天培養、鍛鍊或留心來持續進步，所以它們都不是什麼與生俱來的才能，意思就是**你絕對能夠透過足夠的訓練而越做越好**。當然，所有人都能夠透過後天訓練來加強軟實力，但唯有做了才知道，其實要堅持下去且時時刻刻地提醒自己並不是這麼容易的，這是一場心理戰，比的就是恆毅力與決心，而我相信會買這本書來看的你，絕對擁有比其他人更上進的心，也更願意為自己的夢想付出努力，因此，加油囉！未來的無限可能在前方等著你。

Chapter 3

尋找你的第一份
遠距工作

3-1 鎖定你要的遠距工作形式

　　想要從事遠距工作，我們可以先從上述提到的三種形式來做方法拆解。你比較想要作一位全職工作的公司職員？還是想要用特定的技能自行接案，作一位自由工作者？或是想要開始創業、展開副業？針對不同的目標會導向不同的求職計畫，我們先從第一種形式開始聊聊：

僱傭制

　　若想爭取第一種類型的遠距工作，其實它的過程與一般求職非常相似，透過求職網站、社群媒體、親友介紹、人脈連結與獵頭挖角……等方式，都有機會找到相似的職缺，假如你的能力優秀、擁有某一項專業技能，或者你是該公司需要的人才，你也許就可以**試著與主管討論遠距工作的可能性**。因此我們也可以把僱傭制形式分為體制內與體制外這兩種面向。

1. 在體制內尋求遠距工作

為自己爭取遠距工作，與為自己爭取加薪和升遷機會有著異曲同工之妙。我們首先要看看公司內部是否有此工作模式的可能性，如果你公司的其他部門有比較彈性的辦公地點，你甚至可以思考跨領域的工作形式。雖然台灣大部分的中小企業比較沒有相關的制度與文化，不過，**如果你手上有優勢與籌碼，或者你工作能力真的挺有兩把刷子**，那這就像是為自己爭取加薪一樣，最難的是「勇氣」關卡，突破這一關，搞不好你就有機會成為公司第一個能偶爾去咖啡廳上班的人！

事實上，我的朋友小柔，就因為有勇氣向主管提出相關要求，也透過假日在家加班而證明自己有能力在非辦公室的場所完成主管交代的任務，因此她也成為了全公司第一位每週可在家工作一次的正職員工。

這個故事我們會在後續的章節做更詳細的分享，但回歸正題，在體制內爭取遠距工作，可能會像是內部轉調或職務內容的更動，我們在做這個轉換之前，手上到底握有多少張好牌，這就是平日必須累積和策畫的要點了。

然而，許多人從來都沒有考慮過與主管討論看看遠距工作的可能性，反而只想直接找一份新的工作，離開現在的工作崗位，我認為其實挺可惜的。以職涯規畫和自我投資來說，如果你真的在一間公司賣命多年，而且已經是公司的中

流砥柱，那何不放手試試呢？也許改變與革新就是從內部開始向外延伸的，你頂多只是遭到拒絕而繼續維持一模一樣的工作模式而已，就損失來看似乎影響也沒有你想像中的那麼大，或許給自己一次機會，能獲得不一樣的結果喔！

2. 在體制外尋求遠距工作

假設你和公司主管討論遠距工作的可能性之後，取得公司的認同卻無法調整整個公司的體制，最常見的情況是公司會建議你轉成約聘或兼職人員，取消你原本的員工福利或調整薪資，如果這是你可以接受的結果，那你就成為了第二種「合約制」的約聘人員。

如果你沒辦法接受薪水的變動，也許可以先以一週一次或一個月一次的方式來讓自己與公司試試水溫，你甚至可以以螢幕錄影或文字記載的方式來做工作紀錄，讓勞方與資方的資訊更透明，更容易達成共識。如果公司文化比較扁平，也許可以在會議中提出相關的獎勵機制，例如在月中業績達到多少 KPI 的人，後半個月就可以自行選擇一天在家工作。

當我在台灣的新創旅遊公司任職時，我們內容行銷部也會有類似的機制，成員會在每週一開晨會的時候上報主管這週的工作進度與要完成的事項，它可能會是：「完成兩篇文章、兩支短片、三份採訪企畫」，主管可能會對我們說：「如果你在週三以前完成一篇文章、一支短片與一份企畫，那週四或週五就可以自行選一天下午一點再進辦公室。」

透過這種能激發動力的獎勵機制，搞不好員工真的會更努力的提升工作表現來力求遠距工作的機會，而身為公司主管，也可以因為**員工的表現提高，而提升公司整體業績，何嘗不是一種雙贏的嘗試呢**！

3. 重新求職尋找支持遠距工作的公司

最後一種方式就是直接離職找新工作。在上一個章節裡有介紹到遠距工作的職缺機會多半出現在新創與外商公司，也提及這些企業需要什麼樣的人才，而在下一個章節，將會介紹一些國內外的職缺網站和找工作的方式。但，我們究竟該如何在茫茫網海中找到相關的機會呢？我認為有三個面向可作參考：

①訂閱相關關鍵字

Google 有一個功能叫作 Google 快訊（https://www.google.com/alerts）當我在找職缺時，我會使用 Google 快訊訂閱相關的關鍵字，例如「遠距工作職缺、遠端工作機會、在家工作職缺、居家辦公徵人、Work from home opportunity...」等。這些關鍵字我會交叉使用，中文、英文都會設定，只要做了相關的設定，Google 每週都會固定將有這些關鍵字的新聞或相關文章寄到我的電子信箱裡，我便會逐一查看這些文章，並從文章中找到資料來源，再從中去查看相關的網站或公司，並試著找到潛在機會。

利用 Google 搜尋可以幫你彙整相關資訊，省下不少時間。

②關注心儀的公司

我們很常在找工作時將自己侷限於職缺平台，依賴平台幫你「整理過」的資料，事實上，**許多公司有人事需求時，都只會在自家公司官網或相關 social media 釋出第一手消息**，這些資訊不一定會出現在職缺平台，尤其以歐美的外商公司來說，他們更是喜歡「只告訴自己人」這樣的徵才消息。

為什麼會有這樣的現象呢？因為歐美求職以**人脈互聯**居多，你也許不曉得，但以美國大部分的科技公司為例，當他們要招募新血時，會傾向請員工推薦親朋好友，尤其如果是要找一位新的工程師，那最快速且最簡單的方式就是直接詢問現役的工程師職員，因為他們肯定會認識以前的同學

或合作過的同事，這些人才也幾乎都是頂尖學院與一流公司的優秀人選，而這些**被員工推薦來的人才履歷，也都會被優先審閱**（很殘酷吧！）。但反過來說，這些公司絕對也希望來應徵的人才平常就是他們的消費者，平常就有在關注他們的網站，因此，**多多注意你喜歡的官網**，尤其是在「關於我們（About us）」「聯繫我們（Contact）」等頁面或是頁尾（footer）的地方，**可能都會藏有意想不到的職缺釋出。**

三不五時到你平日就有在接觸的公司刷刷網頁，或許某一天機會大門就會為你而開。

　　想要尋找遠距工作，我建議從平日就開始關注一些「潛在機會」，如同投資美國股票一樣，你可以先去觀察自己平日的消費行為，你是否特別喜歡用 Pinterest、Canva 這樣的網站？也許這些你「平日就有在接觸」的公司就是個值得投資、關注的對象，三不五時到他們的官網上刷刷網頁，別將自己的機會侷限在別人幫你整理好的資源裡，多做陌生開發來擴展求職渠道，也是個求職的好方式之一。

③嘗試自媒體一人公司

前幾個章節，我們提到未來創業的門檻越來越低，這也意味著個人品牌、自媒體與一人公司都會如雨後春筍般蜂擁而至，而這個現象也代表了我們更有機會找到迷你規模的遠距工作。

當有越來越多人是全職的在當 YouTuber、Podcaster 或經營電商平台，這就代表著他們需要助理、需要客服人員、需要行銷團隊，這些公司或個人的規模雖然比較小，但不代表它們養不起正職員工，加入這些公司也能夠讓你站在自媒體的最前線做學習，因此這也可以是你考慮遠距工作的形式之一。

以我的團隊來說，我們是完全遠端的進行公司裡的所有工作，目前有五位成員，分別是我、行銷營運經理、音頻剪接師與兩位社群小編，除了剪接師是我請朋友介紹的之外，其他三位團員皆是我們品牌的觀眾與課程的學生。

如同上述的例子，當一間公司有人才需求時，絕對會傾向於尋找已對該品牌有認識或已是消費者的人才作為第一考量，你的觀眾之所以成為你的觀眾，表示著他某方面和你的理念相同，他對你的品牌肯定也有一定的了解，而自媒體一人公司更是如此。

We Are Hiring! 徵人啟事 :)

嗨嗨

我是佐繪茶水間/理想生活設計的 Zoey

這裡有個好壞參半(?)的消息想和你分享⋯⋯

壞消息是：

我們的班長兼助理最近事業做很大

他開始要到印尼與杜拜發展啦～～

所以恭喜他：)

好消息是？？

我、們、要、徵、人、了！

我很開心可以和你這個消息

因為我也喜歡優先把機會讓給有在追蹤的讀者和觀眾

目前我們需要一位社群助理來協助客服＆應務

如果你感興趣

請「點擊這裡」來看詳細職務說明＆做應徵動作

　　上圖其實正是我幾年前在徵人的時候發出的一個簡單徵人訊息，當時我直接把這樣的資訊用 E-mail 的方式寄給我的訂閱戶，也很快地就找到適合的人選。

　　這雖然不是一種傳統的求職途徑，但遠距工作本身就不是傳統的工作模式，如果你不介意公司規模，那從你平常就有在追蹤的 KOL 或網紅創作者開始尋找，或許也是種事半功倍的方式喔！

合約制

如果僱傭制不是你現階段想嘗試的遠距工作形式，也可以試試合約制。這個模式能讓你用自己的能力來決定與影響每月薪資。如果你多才多藝，也不用將自己侷限於某單一領域，你可以同時是影片剪接師、化妝師、網路寫手、整理師，只要你願意，也能用自由工作者的性質開啟你的斜槓人生。

想要開始當一位接案遠距工作者，有以下三件必備：

1. 技能定位

一個人要離開公司行號並以個人名義自立門戶，通常是已經滿有把握「就算不用靠公司，我也能夠靠自己的能力找到客戶，為自己創造工作機會且餓不死」。當然，我不覺得我們一定要等到自己超級無敵有把握才離職，很多人也會一邊上班一邊兼差，但如果要讓其他單位僱用你的能力，就得先確定這項硬實力究竟是什麼。

因此，技能定位會有點像是做出自己的技能樹分析，包含你的樹幹技能（大領域）有什麼、樹枝技能（大領域下的技能細分）有什麼，以及樹葉技能（實際會的工具、軟體、操作手法……）為何？……等。

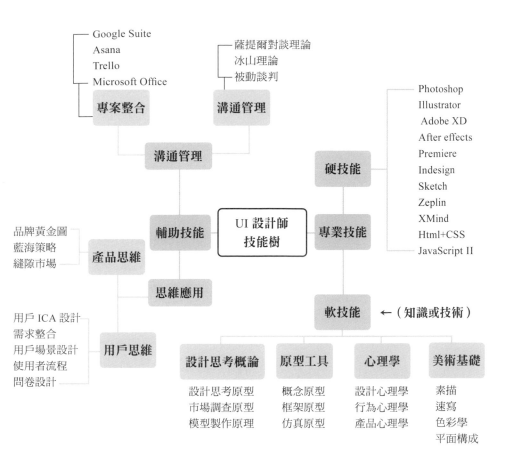

Google Suite
Asana
Trello
Microsoft Office

薩提爾對談理論
冰山理論
被動談判

專案整合

溝通管理

溝通管理

Photoshop
Illustrator
Adobe XD
After effects
Premiere
Indesign
Sketch
Zeplin
XMind
Html+CSS
JavaScript II

硬技能

輔助技能

**UI 設計師
技能樹**

專業技能

品牌黃金圖
藍海策略
縫隙市場

產品思維

思維應用

軟技能　　←（知識或技術）

用戶 ICA 設計
需求整合
用戶場景設計
使用者流程
問卷設計

用戶思維

設計思考概論

設計思考原型
市場調查原型
模型製作原理

原型工具

概念原型
框架原型
仿真原型

心理學

設計心理學
行為心理學
產品心理學

美術基礎

素描
速寫
色彩學
平面構成

以「UI 設計師」來作技能樹分析，其中橘色代表樹幹（大領域），綠色為樹枝（大領域下的技能細分），黑色細筆的部分是樹葉（實際會的工具、軟體、操作手法……）。

以上頁圖為例，我們透過找出自己的樹幹，分析出樹枝，再慢慢擴展到越來越細的項目，你便可以更清楚明瞭地知道自己究竟有什麼軟硬技能，在找工作或案源時，更可以利用出現在技能樹上的關鍵字去做延伸搜索。無論你有沒有要用合約制的形式來尋找遠距工作，製作自己的技能樹都是一項有趣且超級實用的練習，有空請一定要試試！

2. 作品累積

製作技能樹還有一個非常棒的好處：你可以明確知道自己要搜集哪些作品。例如：上述我寫到平面設計相關的技能有 Photoshop、Illustrator 等工具，那在你的作品集當中，能不能**提供相關資料佐證，來讓你的合作對象明確知道你真的會用這些工具、你真的擁有這些技能**？而你的程度又到哪兒？風格為何？這些都是客戶會想要進一步了解的細節。

學生族群剛開始嘗試接案時經常會犯的一個錯誤：將許多不相干的資料統統放進作品集裡，事實上，這個錯誤我以前也常犯，也許是因為經驗不足，真的沒什麼作品好放，因此想要讓作品集「豐富」一點就東加西加。豐富絕對不是壞事，但過多過雜的內容反而容易讓面試官混淆焦點。

因此，畫出自己的技能樹能有效幫助我們把技能定位在主要幹道上，同時，了解你的客戶並適時地調整作品集也很重要。例如以前在找設計案時，我會仔細去閱讀這間公司有沒有特別要求某一種工具或某一種技能，如果有的話，我就

會重新整理自己的作品集，將這間公司想要看的內容特地排在比較前面的頁數，或甚至是拿掉其他該公司比較不在乎的額外技能，都有助於讓合作客戶覺得你是個「更合適」的人選。

根據你的技能與專業領域的不同，在製作作品集時也會大不相同，也因此本書中並未講解太多作品集整理的技巧。然而，無論是怎樣的作品集或哪一種產業，都要用「**換位思考**」的方式去想一想對方會想要看到什麼樣的作品？如何能讓他更快速的了解你的專業能力？他究竟需要什麼樣的幫助？你是否可以多加強調對方感興趣的部分，讓他產生更多的共鳴呢？

3. 開始接案

將自己的技能定位完畢也整理完作品集之後，就是開始**主動出擊，主動尋找案子**。開始接案與經營部落格非常相似，以為只要把文章寫出來或做出作品集就會有生意上門，這是非常一廂情願的想法，尤其在競爭激烈的時代，有時候並不是因為你的作品或能力不好，大部分的時候只是潛在客戶沒發現你的存在而已。

因此，想要擁有穩定的案源，我會建議你找一天的時間來做腦力激盪，思考你可以拓展人脈與機會的管道（線上與實體都可以）、整理一下你的通訊錄，思考一下每一位朋友能產生的連結為何，同時也可以加入相關的團體或社群

來增加消息來源，並且為自己設計一些行動清單與重複任務（Recurring Task）。

行動清單範例：

☐ 整理潛在客戶名單（詳細聯繫方式、專業特色、需求種類）

☐ 整理同業清單（加臉書好友、詢問接案管道與技巧）

☐ 和前客戶們要 Testimonials（徵求照片與推薦語使用同意）

☐ 查詢可加入的社團或可參加的活動

☐ 到職缺網站上建立接案檔案

重複任務範例：

☐ 每週二與週五固定到 ＿＿＿ 和 ＿＿＿ 平台刷新職缺或案件

☐ 每週三固定到 Co-working Space 工作

☐ 每週挑兩個心儀的品牌或潛在客戶毛遂自薦，提供他們改善意見與現有內容的回饋（無論對方是否徵人）

☐ 每週參加一場產業活動或講座（每週日查看看活動票券平台）

☐ 每個月增加兩個自行創作的作品集內容（個人的 Project）

☐ 每個月和至少一位同業朋友一起喝咖啡聊天

當我以設計師身分在接案時，很快地就意識到**如果沒有這樣的「自律清單」，真的會很難擁有穩定的案源與收入**，尤其在接案前期，可能真的沒什麼人脈也沒什麼名氣，若不主動出擊把這些行銷與業務拓展變成職責之一，便會很難去提高自己的能見度；反之，如果我們每一天都**盡可能地提高自己的存在感，哪怕只有一點點，它都會像複利效應一樣，讓你的接案人生越來越穩定。**

副業或創業

第三種遠距工作的方式是自行創業或開啟副業。這個形式的實際規模可以很大也可以很小，小至花五分鐘開啟一個臉書粉絲專頁，大至找專業團隊開發實體產品並尋找股東與天使投資人，都是可以嘗試的方向。當然，這也會和個人意願與資源有關，目前的你有多少本金？多少時間？多少人脈？或者你有沒有一個非常想嘗試的點子？有沒有相關的背景與經驗？都是需要考量的項目。但無論規模大或規模小，一樣有以下三樣必備的前期準備：

1. 主題訂定

無論是個人品牌的經營還是實體創業，都需要大概確定一下你想要分享的主題是什麼，或是你的商業點子為何？通常會選擇第三種遠距工作形式，都是因為內心已經有某些想做的事或不錯的好點子，但這件事又無法用接案形式或在公

司上班來得到滿足，因此，定義清楚想要做什麼非常重要，這會攸關到你後續在執行與經營上的策略設計。

然而，在遠距工作的前提下，實體商品的創業就需要比較多的考量，畢竟實體商品可能要有工廠、有儲存空間、有維修或出貨的辦公空間，雖然你本人不一定要每天都待在這些場域，但你可能還是得每週到這些辦公室處理相關的事物，如果想要長期旅居其他國家可能就會稍微有些限制；或者，你想要成為一個 YouTuber，而你主要都在分享日本旅遊與文化類的主題，那在空間上就必須將大部分的時間設定在日本，尤其如果你越做越成功，需要生產更多相關的內容，那它的彈性就不會是世界的移動力，而是日本（或亞洲）的移動力，但這絕對不是一件壞事，根據調查指出，想要遠距工作的人不一定是想要在世界各地到處趴趴走，也許他們只是想要待在家裡或固定的在某一個城市做自己喜歡的事情而已，因此，這個主題的設計全都端看你的目標與理想工作的設定為何？

而我個人認為主題沒有對錯好壞，只要是合法的、善良的、你認為值得做的，其實都是不錯的好主題。**一個適合的主題，不一定是絕對賺大錢的主題，賺不賺錢皆取決於你怎麼執行**，但一個適合你的主題至少能讓你做得開心，並且滿足遠距工作的構成元素，讓你能夠用經營者的角色去勾勒出你的理想工作。

比起尋找遠距工作，更重要的是定義工作之於你的意義。

2. 資源整合

選定主題之後，下一步就是要去做資源整合。以比較大規模的創業來說，通常會有幾位重要創始成員，根據創始團隊每人不同的背景，就會開始去細分角色，最常見的角色有CEO、CFO、COO、CSO 等人，並根據不同的角色來負責不一樣的職務，個人品牌也是一模一樣的道理，只是我們的規模變得更小，甚至一個人就要扮演全部的角色。

你可以想像自己是這個公司或網站的首席執行長、財務長、營運長與銷售長，那接下來就是要去細分每一個細項所對應到的責任是什麼，以及你又要怎麼規畫和執行這些項目，例如：

執行長 －負責品牌發展方向和策略：你現在要如何規畫自己的成長策略？你有多少時間可以利用？哪些元素是最有影響力的 20%？如果一天只有 2 小時，如何把時間花在刀口上？哪些事情是刀口呢？你短期的目標與規畫又是什麼？

財務長 － 負責營運開銷和成本：你現在手上有多少資金？如何降低成本？需要找幫手嗎？幫手的開銷可以負擔嗎？身上的現金可以運轉多久？哪些項目是必要花費？哪些是次要開銷？

營運長 －負責維持品牌的營運：你需要生產多少內容才能持續為品牌帶入新流量？什麼是合適的內容？可否優化內容？這些內容可否做快一點？有沒有更有效率的生產方式？

銷售長－負責品牌銷售數字：你要用什麼方式賺錢？這樣的賺錢方式是否能穩定成長？如何增加營業額？如何擁有更多曝光？如何增加更多潛在客戶？如何有更多的業務合作機會？

以創業來說，這個階段很可能是直接從身邊開始找資源，找到合適的人、找到願意投資的股東、找到能配合的廠商……等等。如果以自媒體來說，就要去看自己現在擁有多少時間、資金、技術，從現有的資源中找到能夠馬上利用的地方，同時去補足那些缺少的資源。

3. 開始去做

如果是想要直接去創業的人，相信都已經非常確定下一步的行動是什麼了，如果是想要來做個人品牌的話，「開始去做」可以分成幾個分支項目：

前端投資：設備採買、品牌定位、內容產出、內容行銷
後端投資：技能優化、深度學習、人脈拓展、資金籌備

做這樣的畫分是讓我們能夠比較好知道要先進行哪一個項目，再依照個人需求去做排序，有的時候，我們會忘了**讀書、上課、學習也是「開始去做」的必備項目之一**，透過優化與自己主題有關的技能，我們能夠生產出更吸引人、更有深度的內容，而透過更深入的品牌經營，你可能也會發現自

Work hard
Play hard

人生規畫一直都在職涯規畫之上，我們應該要學會讓工作對齊生活方式，而不是讓生活對齊工作的方式。

己需要開始學習與領導、管理或會計有關的知識，這些事情或許沒有直接與你想做的品牌產生關聯，卻是維持品牌營運的某一環節。

因此，「開始去做」所指的不只是申請部落格帳號或寫寫文章而已，而是要更仔細的去思考各個層面的需求，假設現階段的你時間有限，也許**去參加相關的產業聚會、累積人脈，也是「開始去做」的其中一個項目**。

想要開始嘗試遠距工作，可以利用上述的方式，先鎖定你想要的遠距工作形式，再思考你下一步地去執行計畫。如果你還不是很確定哪種形式比較適合你，或者你每一種都很感興趣，那我認為你也可以三種方式都試試，看看生活會帶給你什麼機緣，也許你可以創造出第四種、第五種不在表單上的遠距工作形式！

3-2 遠距工作的求職資源

說到資源，我們直覺會想到的都是資金或實體的工具，然而，在找工作、創業、甚至是做任何人生大事時（例如結婚、買房），我們都可以有效地利用自己身邊的無形資源，並且深度挖掘在你身上的隱藏技能，將你的資源效益最大化。

在此，我整理了一些海內外的遠距工作求職平台供你參考，這些資源是在 2020 年做整理的，如果未來有所更動，可以掃描此 QR Code 找到每年更新的資源：

遠距工作職缺資源平台		
名稱	簡述	地區
Remote Taiwan	台灣活躍的遠距工作者 Facebook 社團	台灣
遠距工作者在台灣	台灣活躍的遠距工作者 Facebook 社團	台灣

Yourator 新創職缺	以新創產業為主的求職徵才平台	台灣、亞洲
CakeResume	能讓你製作履歷同時又能求職徵才的平台	台灣、亞洲
Slasify	專門鎖定遠距工作設計的求職徵才平台，同時協助企業解決 HR 部門全球遠距用人的解決方案	台灣、亞洲、全球
Meet.jobs	專為國際人才所打造的社交求職平台	台灣、全球
Debut	以新創產業為主的求職徵才平台	台灣
ALPHA Camp	科技類職涯培訓機構，常有新創產業之講座和課程	台灣、亞洲
Appworks 之初創投	程式開發培訓機構，常分享新創資源	台灣、亞洲
Telework 快樂工作	以遠距工作為主的求職徵才平台	台灣
Indeed	類似數字銀行的美國求職網站，職缺雖雜但龐大，有台灣求職專區	全球
HKese	香港求職招聘、自由工作者平台	香港、亞洲
批踢踢實業坊 JOB	這是我找到韓商遠距工作的平台	台灣
Glint	新加坡新創求職徵才平台	新加坡、亞洲
Wanted	新創求職徵才平台	亞洲
Glassdoor	美國新創求職徵才平台	歐美
Linkedin 領英	應該不用多介紹的全球最大人脈平台	全球
Yosomon	日本中小企業求職徵才平台	日本
故鄉兼業（ふるさと兼業）	日本鄉村兼職工作媒合網站	日本
Arc	以開發工程師為主的人才媒合平台	美國、全球

Toptal	以科技新創為主的專業自由工作者媒合平台	美國、全球
Stack Overflow	以工程師為主的社交論壇，也可以在上面找到相關職缺	美國
Fiverr	歐美知名自由工作者媒合平台	歐美
Remoteur	以歐洲為主的遠距工作資訊網	歐洲
Angel List	以新創人才為主的社群媒合資源平台	歐美
Working Nomads	以遠距工作為主的求職平台	歐美
Remote Work Hub	以遠距工作為主的職缺資訊網	歐美
Remote Year	不是求職平台，但提供遠距工作相關消息與旅遊規畫	歐美
Remote.co	以遠距工作為主的職缺資訊網	歐美
We Work Remotely	以遠距工作人才為主的社群與職缺平台	歐美
Jobs Presso	以遠距工作人才為主的社群與職缺平台	歐美
Remote OK	以遠距工作人才為主的社群與職缺平台	歐美
Work From	以虛擬辦公室為主題的社群	歐美
Flexjob	自由工作者的接案與徵才平台	歐美
Just Remote	以遠距和新創為主的求職徵才平台	歐美
Remotive	以遠距工作人才為主的社群與職缺平台	歐美
Upworks	自由工作者的接案與徵才平台	歐美
CoronaTasks	以新創產業為主的自由工作媒合平台	歐美

除了上述這些平台可以多加利用之外，我們可能也會經常忽略身邊的兩類資源，第一種是個人的通訊錄，第二個是公家機關。

通訊錄：人脈連結

通訊錄本身就是一個含金量超高的連結網絡，而現代人除了有手機上的通訊錄之外，在社交媒體上可能也多了兩到三倍的人脈連結。因此，當我要開始找工作（找房子、聘請員工）時，我除了會先告知身邊的親朋好友自己正在找工作以外，我也會找時間整理我的人脈通訊錄，並且一一檢視以下三點：

　·他的工作經驗（現在的工作、過往的工作）

　·他的興趣（個人副業、業餘嗜好）

　·他身邊的人（另一半、兄弟姊妹、要好朋友）的資源

通常我會直接在筆記本或 ipad 上開一個檔案夾，把這位朋友的以上三樣基本資源列下來，如果他符合我正在尋找的資源或者有可以協助我的地方，我可能就會找個時間敲對方或直接打電話。現代人對於打電話給他人變得越來越吝嗇，如果只丟一個訊息給對方，其實會失去許多深度連結的機會，若能直接打電話，反而會讓對方感到比較新奇、比較特別，甚至會讓對方認為這件事對你足夠重要，所以你才會直接打電話給他，那他也會比較認真的幫你介紹他身邊的資

源，而不會因為忙碌就把你的訊息給忘掉了。

　　如果沒有對方的手機號碼，你也可以找找有沒有對方的 E-mail，寫一封信清楚的告訴對方你的需求、你需要他協助的地方，甚至是直接把對方約出來，請對方吃一頓飯，聊聊你正在找工作的事情。**找工作本來就是一件正式的事，我們在運用人脈上也可以更正式一點，讓每一個忙碌的人願意停下腳步幫你一把。**

　　老實說，我三不五時就喜歡整理一下通訊錄和社群媒體，一來是可以檢查一下自己都追蹤了哪些品牌、網站（有

在家工作，在世界生活！

時候就會默默發現自己追蹤的都是一些沒什麼營養的阿貓阿狗），然後退掉不必要或沒有太多價值的媒體；二來是可以溫習一下交友圈和同溫層。

　　現在人都很斜槓，交友領域也越來越廣，有時候你真的會在臉書或 Instagram 上想不起來這位「好友」到底是誰？因此，我其實心血來潮時就會溫習一下我與這個人的連結、他的背景、他的狀態、他的資源連結，如果真的想不起來這人到底是誰，也正好可以適時地清理一下好友清單。

　　我以前並不是一個會整理人脈連結的人，但是到了美國生活之後，我發現這裡在找房子、找工作等申請程序都格外謹慎，以工作來說，你不只要提供前兩份工作負責人（或關係人）的聯繫方式，新公司的人資主管是真的會打電話給你的前公司，問問是否真的有你這個人、你的工作表現如何、你離職的原因等。除此之外，你還要提供兩位好友關係人的聯繫方式，他們會視情況打給你的朋友，問問你的為人、你平常的休閒嗜好和你的社交情況，當然，如果是朋友的話，你一定會先打電話給朋友知會一下說：「欸！我在找工作喔，所以可能會有○○○公司打給你，如果他們打來，記得幫我說好話喔！」

　　我以前總是覺得這些可能只是寫寫文件的例行公事而已，直到我朋友在應徵工作時，我還真的接到一通來自該公司的電話，問我是怎麼認識這位朋友的、要我形容他是一個怎麼樣的人（人格特質）以及我跟他相處的情況。

一接到這個電話時真的覺得非常古怪，原本還以為是什麼惡作劇，而且也覺得這些問題也太私人了吧，但是，至少在美國，當你在找工作的時候，他們真的會打電話給曾經跟你一起共事的人去尋找有利的參考資料。當然，公司也絕對會直接上 Social Media 或 Google 你這個人，因此你的社群形象也需要注意一下。

公家機關：政府、學校、非營利組織

　　第二個我們經常忽略的資源就是政府機構、非營利組織或社會企業的活動、Program 或 Project，以台灣來說，經濟部或文化部時不時就會推出創業補助，坊間也有許多盈利或非盈利機構會推出像是志工、大使或實習類的活動，這些機會雖然不一定是全職的工作機會，卻能讓你有機會短期體驗海外生活或為社會做一些改變，又或者是能給你一筆圓夢資金，讓你短時間內不用太擔心錢，可以用這筆資金去旅行，經營自己的副業或自媒體。

　　以下也提供一些可能有用的海內外資源：

海內外延伸資源平台		
名稱	性質	簡介
Skyline	資源媒合平台	提供青年與國際接軌的資源平台，提供志工計畫、實習、職缺、補助金機會

青少年圓夢計畫	文教基金會專案	以青年為主的資源補助計畫
青年創業圓夢網	經濟部專案	提供資金、資源補助與創業輔導
文化部獎補助資訊網	文化部專案	提供與藝術文化類有關的獎助計畫
蘭陽青年圓夢計畫	文教基金會與文化局協辦專案	提供 18~45 歲之宜蘭居民海外交流一個月的機會與補助
青年資源讚	教育部專案	提供青年就業、學習之資源及補助
獎金獵人	資源媒合平台	搜集各地比賽與獎助資訊之情報網站
KKday 駐站特派員	旅遊內容創作專案	提供在海外的朋友內容創作（旅遊類）之機會與資源
KKday 部落客合作計畫	旅遊內容創作專案	提供有經營自媒體的朋友內容創作（旅遊類）之酬勞與資源
Idealist	非營利組織資源媒合平台	提供歐美之志工、實習和求職資源（也可查詢遠距工作）
Enviro.work	非營利組織資源媒合平台	提供全球與環境保育有關之志工、實習與職缺資源（也可找到台灣資源）
Work For Impact	非營利組織資源媒合平台	以社會和環境議題為主的自由工作者媒合平台
KEEP WALKING 夢想資助計畫	社會企業專案	提供與創意文化有關的獎助金計畫

除了這些資源整合以外，你也可以追蹤經濟部、文化部、教育部、外交部的臉書粉絲專頁，第一手接收到相關的補助資源。你還可以上網找找「國際非政府組織（INGO）參考名單」，通常可以找到一系列的清單，從那些清單中，你也可以再一個一個從這些組織中做地毯式搜索去媒合更多的資源，或者你也可以用上一個章節提到的「Google 快訊」去訂閱相似的關鍵字，都能夠在信箱中收到更即時的推播。

當然，以上資源不一定對要找工作的你有直接幫助，但如果你想要遠距工作是因為希望能有多一點的彈性去旅遊與探索世界，那相信這些資源可以帶給你一些靈感或參考價值。

3-3 遠距工作的求職小技巧

　　開始尋找遠距工作之後，我們下一步要做的準備就是「面試」必要的注意事項，遠距工作的面試有九成以上都是利用視訊進行，但就內容來說，它與傳統的工作面試並沒有太大的差距，因此，我會特別針對「視訊會議」和我在國外做遠距面試時的一些經驗與你分享。

　　首先，來聊聊視訊面試。視訊面試的事情準備有兩類，第一類是鏡頭前的準備，第二類是鏡頭後的準備。無論這是否是一場遠距離進行的活動，**只要是面試就需要正式**，鏡頭前的準備包含設備、環境與儀容，記得先整理自己的打扮（也記得注意一下耳環、飾品會不會敲到耳機而發出鏘鏘聲響），選擇比較適合面試的地點（切記不要選人多吵雜的咖啡廳），並且注意一下環境燈光是否背光、是否太暗，事前也要記得先測試麥克風，調整鏡頭位置，測試網路速度。

　　這幾個月以來，網路上開始流傳一個新的笑話，內容在說視訊通話成為了現代筆仙，一群人在一個虛擬空間裡不斷

地說：「有人在嗎？你聽得到嗎？你有看到嗎？有聲音嗎？聽得到的話能在畫面上比個動作嗎？」這個現象讓人感到匪夷所思，卻每天都在上演，雖然大部分的時候都難以避免，但如果事先測試、事先準備，或許就能成為一個面試的加分條件，別小看這些基本的準備與測試，當你和其他一樣優秀的候選人一起角逐到最後，致勝的關鍵往往都是這些微小的細節。

再來聊聊鏡頭後的準備，其實這就是為面試所做的對談準備，通常一拿到面試的機會，就要開始研究這間公司的背景和該職缺的需求，也許可以簡單了解一下公司簡史、產業概況和客戶輪廓，在面試時如果能提出對產業或客戶的了解，肯定會讓面試官眼睛為之一亮。在我以往面試的經驗中，也遇過以下幾個讓我感到有點出其不意的問題：

① 告訴我你的強項和弱項分別是什麼？

② 請描述一件你在工作上曾遇過，你認為最困難的挑戰／任務，以及你是如何完成與面對這些挑戰的？

③ 你為什麼認為你可以勝任這份職務？能否舉一些具體證據讓我們參考？

④ 你平時都是從哪些管道、平台或媒體吸收有關 ＿＿（該產業）的資訊？能否列舉你最常追蹤的三個媒體？

就我在美國與新創公司面試的經驗裡，我發現也許是

新創比較年輕的文化，又或者是因為歐美比較直接的步調，他們面試的方式都非常的快、狠、準且不廢話，這並不是說整個過程會非常的緊繃僵硬，相反的，我遇過一些美國的企業會用非常幽默或輕鬆的語調來問這類「一時間很難自信展現」的情況題給你，相當考驗臨場反應。

好加在的是，面試永遠都可以事先準備，而遠距工作甚至可以在螢幕上或筆記本上做小抄，面試官也不會知道（呵呵），所以這算是遠距面試的一個小優點。不過儘管如此，我還是認為遠距工作（尤其以外商公司和新創公司）的面試比較出其不意，很難保證面試時一定會有什麼流程，因此請一定要事先打聽並做足準備。

接著來聊聊參考資料和人脈連結。我們都知道如果能夠「靠關係」便能省去一些枝微末節，而在遠距工作上，人脈的連結因為「沒能真正見到你本人」更顯得格外重要。

傳統求職時，面試官可以看見你，感覺你說話的語氣、態度，依你給人的印象來判斷你的人格特質，少了這些實際元素，面試官除了靠一場定終生的視訊面試來判斷之外，更多的是會去網路上尋找你的參考資料，或者詢問你的人脈連結（國外稱之為 Referral），也因為面試官無法實際見到你，無法對你產生任何感官上的連繫，因此別人怎麼說你，就更能左右風向了。

當然，這並不是說找工作的每一步都得舉步維艱，但這也訴說著我們平日的聲譽管理（Reputation Management）絕

工作是為了生活，革新工作模式不是最終目的，設計出一個理想的生活才是終極目標。

對不能等到有需要才來做，而人脈的建立、管理、灌溉也不能等到有求於人時才刻意經營。在傳統的求職過程中，資方多半看的是你的學經歷、文憑、證照，並不是說這些東西在未來不重要，而是這些紙本所帶來的參考價值，似乎都比不上一個真正跟你共事過、相處過的人所說的一席話。

而說到有利的參考價值，很多讀者會問我說：「**我一定要有國外的文憑才可以找到國外的工作嗎？**」關於這個問題，我一直都相信你「不用」有國外的文憑（例如我就沒

有）才能找到國外的工作，而是如果你有的話，會更容易找到國外的工作，但重點其實也不是在「文憑」本身，而是你的公司「認得」這些參考資料，它們聽過、查得到這些機構或學校，因此心裡能夠對你的資格稍微有個底，**最重要的是你要如何讓公司知道你是一個「能夠勝任此職務」的人**，而這些參考資料是否是他們熟悉的、耳熟能詳的或有證據可參考的呢？

以我的例子來說，我是實踐大學畢業的，每次在美國的社交場合說到我以前就讀的大學，多半不會有人知道的，不過只要提到我曾經因為學校的產學合作，而到紐約的○○○服裝公司實習過，與我對談的人就會露出一副豁然開朗的表情，只要再接著去聊公司位在曼哈頓的哪條街、參與過什麼專案或活動，之後的對談都會變得更加順暢。

每個人都必須對當前議題的某些元素產生共鳴才會感興趣或有反應，並不是說你曾經在學校得過得獎並不重要，而是國際工作本來就有文化背景的隔閡，如果你能夠換個角度說：「實踐大學的服裝設計學系就有點像是紐約的帕森斯學院（Parsons）。」那對方的參考基準點就可以瞬間被錨定，也就有了更多的參考值幫你「背書」。

如果能擁有當地人聽過且熟悉的背書，當然能讓你更快速的進到 VIP 包廂，讓關鍵人物看到你的履歷或作品。不過我個人認為，擁有好的背景與條件似乎都不比「關係」來得有效。記得我曾經想要在美國某間知名的化妝品店擔任總公

司的設計人員，履歷寄出好幾次、Cover Letter 也修改過好多遍，但就是都沒得到回音。某天在一場商業聚會上，我幸運地認識了該間公司的產品經理，與對方搭上話後，我直接問對方：「不知道你們公司找到視覺設計師了沒？我其實一直很想到你們公司工作，而且看到你們網站上一直有徵人的消息，但是我投了幾次履歷都沒有回音，還是你們已經找到人了呢？」對方聽了又驚又喜的跟我說：「天啊，我們還沒找到人，但是我們最近真的是忙到不可開交，收到的履歷根本沒時間看，不然你給我留個手機號碼，我明天請人資跟你聯繫？」隔天，我馬上就收到人資的來電，並且幸運地得到了面試的機會。

雖然之後因為時間喬不攏而沒有接下該工作機會，但當時的我頓時體會到，儘管好的背景、好的條件可以獲得 VIP 包廂，但若能有個對的人在中間幫你牽線，便能讓你快速通關到 VVIP 去見決策老大。所謂出門在外靠朋友，似乎就是這個道理。不過，我相信不一定只能眼高手低的去「選」人來認識，有時候，如果是該公司的職員，儘管是小助理或基層人員，也值得我們去打聲招呼，留下他人對你的好印象。

另外也要時時刻刻記得，面試不只是公司在評估你，你也正在評估與你面試的這些公司，這段關係是雙向的，而且我們看條件不該只注意福利與薪資，更要關心這間公司的願景與你的核心理念相不相符？能不能讓你做得開心、累積人脈同時又能精進專業？雖然我相信不久的將來會有變化，但

以此時此刻的生態來說，能完全支持遠距工作的公司恐怕只有國外或新創科技產業居多，如果說，一開始只能找到實習類的工作，也不要太嫌棄，思考看看這是否可以累積技能、是否能成為下一份遠距工作的跳板？或許這就是一個讓你把腳指頭踏進遠距工作的開端。

如果真要說內心話，我覺得遠距工作並不好找，雖然前面講了這麼多激勵人心的話，也給了一些資源補充工具，但如果沒有一技之長，而且只將求職範圍鎖定在台灣的話，很容易會踢到鐵板而感到喪氣。事實上，我就曾屬於「因為只想找遠距工作而畢業即失業」的族群，當時的我實在不想要回到辦公室做朝九晚五的工作，可是自己也沒什麼特別厲害的技能（畢竟也才剛畢業）到國外找工作，因此我試了很多方式，把焦點只鎖定在遠距工作的職缺裡，透過幾個月的堅持不懈而應徵到相關的工作。

你可能在想：「**假設我怎麼找都找不到，究竟該如何知道什麼時候該放棄，什麼時候該繼續呢？**」現在的我回頭看，認為自己當初在找遠距工作時做對了四件事情，而我相信做這些設定也會對你的遠距求職之路有所幫助：

1. 設定期限

許多人會在大學畢業之後選擇出國旅遊或打工度假作為一年的 Gap year，也許你也可以在這段求職的期間，把它假設為你的 Gap Year，在這一年裡，**盡全力地在期限內努力的**

尋找工作機會，擁有一個具體明確的期限，才不會覺得好像永遠看不見終點。

以我的例子來說，我當初的設定是六個月，這個評估是自己的存款大概可以半年餓不死，同時繼續住在家裡啃老半年好像還可以被接受（？）。那六個月裡我會非常刻意不去找辦公室的工作，每天只接案、尋找遠距職缺、投履歷、美化作品集、聯繫相關人脈，我心裡明確有個底，就只有半年的時間專心找遠距工作，如果半年後失敗了，就不繼續堅持，但至少這半年內不能不堅持。

2. 設定行動目標

在目標設定上，我們總是喜歡設定具有數字的 KPI，例如在多少的期限內獲得多少個訂閱數，或者在什麼時間點獲得多少個面試的邀請。然而，這樣的目標通常都是我們無法 100% 掌控的，並不是說設計具有衡量基準的數字目標不好，而是我們應該要學會分辨何謂結果型目標。

在《原子習慣》這本書中，作者提到，我們經常會把結果當成目標，將結果作為一種達成的指標，邏輯上應該就是要達成才對，但在現實生活中，結果型目標卻不是我們可以控制的。例如，參加奧運比賽的每一位選手的目標都一樣是得金牌，那為什麼設定了這樣的目標，卻沒有達成呢？又或者換個角度想，既然知道這是一個無法保證的目標，那為什麼不將目標鎖定在可以保證的事情上？

對此，作者說與其設定一個成果的目標，不如設定一個過程目標，在我的案例中，我認為這就是一個可以被執行的「行動目標」。例如，比起說我的目標是這個月獲得五場面試邀約，不如說我這個月的目標是選擇十間中意的公司並寄出十份履歷，第一個目標難以掌控，第二個目標完全可以由自己來控制，第一個目標沒有達成，很可能是因為一些外在因素的牽制，第二個目標若沒有達成，你就該打自己的屁股了。

當我在找工作的時候，我給自己的行動目標比較嚴格，每天都會逼自己寄出至少三封履歷，所以，當時的我每天都坐在電腦前不停的看公司、看職缺、改履歷，我沒有辦法確定自己一定會獲得面試機會，但是我可以保證自己當天的工作就是要應徵三間提供遠距工作的公司。

3. 設定進步目標

你可能在想：「我有設定行動目標，但就是遲遲得不到回音，該怎麼辦？」這時候，就要開始安排可以進步的目標，讓你在每一次的應徵都可以比上一次做得更好。

以我的例子來說，如果我應徵的公司需要寫 CV，一開始我都會憑著直覺寫並且用一些語法工具來調整，後來我除了調整語法，也會同時傳給一些外國朋友看看，請一些母語人告訴我哪裡需要做改進；一開始，我會看到某一間公司的職缺，就直接依照職缺的要求來製作履歷，後來，我除了看

職缺，也會看一下該公司的歷史、簡介、產品和服務，並且會在寫 E-mail 的時候特別提及他們的背景（或者，也可以說你同時有在使用他們的競爭對手的服務，以及你的一些觀察）讓對方覺得你更內行，真的有做足功課。

在求職的路上，我們大部分都是投出的履歷比收到的回覆還要多上好幾倍，很多時候，我們很難知道問題到底出在哪兒？是他根本不喜歡你？還是他太忙根本沒看到？還是他手上有太多人選難以決定？因此，你除了可以**設定一些「進步目標」讓你可以做一點新的優化嘗試**以外，也記得在寄出信件的一個禮拜後傳一封「follow up」的信件，提醒對方你的存在，搞不好也可以從中收到一些能夠優化履歷的建議。

4. 設定 Plan B

其實我一直都是個在職涯規畫上比較謹慎的人，有的人會覺得自己必須全心全意做一件事，因此願意離職創業，但是我個人是那種一定要有安穩的現金流或者有明確後路，才能夠比較放手去拚。

當時做完期限設定後，我就問自己兩個問題：「**如果半年後沒有找到理想的遠端工作，下一步的打算是什麼？這半年內如果經濟拮据，有什麼配套措施與財務規畫？**」

我知道自己如果沒有如期找到心儀的工作，依然可以回去做美工和網頁設計，也嚴格的規畫那幾個月的節流方式，同時，因為生活還是需要一點錢，所以我也一邊找工作、一

如果你也想找到工作地點和時間彈性的遠距工作，建議在開始階段先設好期限，以減少求而不得的失落、沮喪。

邊接各式各樣的臨時工，我做過活動策展助理、市場調查員、做了大大小小的設計案件，那時候的我將機會分成兩類，一類是理想的遠距工作，一類是簡單且薪水發得快的打雜工，如果心中能夠有一些備案，或許能夠讓你更踏實的追尋理想工作。

求職可能是種遙遙無期也難以預測的課題，也因為如此，才更要設定期限、行動目標、進步目標和 Plan B 給自己。你不試，你怎麼知道你不行？但這當然也不是無謂的嘗試，而是有計畫、有技巧、有方法的求職規畫，一步一步走向你想要去的地方。

Chapter 4

創造地點自由的
工作機會

4-1 <u>個人品牌</u>時代，做自己的媒體

　　在前面的章節中，我們多半把焦點鎖定在尋找而非創造工作機會，但在這個章節裡，我必須要介紹一種我個人最推薦，甚至覺得每一個人都「必須要」來嘗試的工作模式 —— 個人品牌。

　　什麼是個人品牌（Personal brand）？我對它的解讀就是「**你的專業、風格關鍵字與你的人生註腳**」。說白話文，講到你這個人，你身邊的親朋好友或你的同儕們會聯想到什麼？會用什麼樣的關鍵字來形容你呢？

　　美國學者湯姆・彼得斯（Tom Peters）曾說：「**21 世紀的工作生存法則就是建立個人品牌**。」彼得斯認為，不只是企業、產品需要建立品牌，就連個人也需要建立個人品牌。在這個競爭越來越激烈的時代，不論在什麼樣的組織裡，要讓人們認識你、接受你，首先你要充分表現自己的能力，並且要讓大眾對你的特長、技術、性格或價值觀更加的熟悉，才有機會在資訊爆炸的時代脫穎而出。

因此，做個人品牌的目的可以是為了職涯發展，也可以是為了自己的生涯規畫，但只要你能夠擁有鮮明、獨特或明確的外在風格、內在價值、具體專業技術，就能讓身邊的人（你的上司、客戶和觀眾）對你有某種認同與認知，透過這樣的認同與認知，就可以提升你未來的影響力，當你的影響力提升了，你便更能呼風喚雨（欸不對～），且有更多的籌碼去調配你想過的生活。

讀到了這裡你可能在想：「**雖然我大概聽過個人品牌，也知道它在這幾年火速流行，但個人品牌究竟能如何在事業上或生活上幫助我呢？**」我想，我們可以將「個人」與「品牌」兩件事分開來聊。

一個「個人」為什麼能夠被大眾看見？

其中原因就在上面提到的三點：外在風格、內在價值、專業技能。

1. 外在風格

一個人的外在形象與風格如果鮮明，那當一間企業或組織有相關的「人才需求」時，就可以馬上聯想到這些風格鮮明的人物，例如：講到直率潑辣，你會想到誰？講到知性甜美，你又會想到誰？這樣的形容詞或許是他人或經紀公司刻意營造出的一種形象標籤，但這麼做的用意，就是能讓你做出自己的關鍵字並打造個人品牌。

2. 內在價值

以內在價值來說，它或許就是一種你深信不疑的信念或你秉持的價值觀，例如，我們講到極簡主義，你第一個會想到誰？說到「屹立不搖、堅持原則」的時候，你想到第一位朋友又是哪一個人？當你有著一些內在的修養或價值觀，它也能夠幫助其他人認同「你是一個怎麼樣的人」，藉以描繪出你個人形象或個人品牌的輪廓。

3. 專業技能

而再說到專業技能，我相信你一定更清楚身邊料理很在行、很會攝影、英文很好或領導力強的朋友有誰，這些專業技術都有機會成為你的個人標籤，為你打造出市場需求。

你可能很好奇：一個「個人」又為什麼要被大眾看見？我一定要被其他人看見或被其他人釘上特定的標籤才能遠距工作嗎？我認為，打造一個形象鮮明的個人品牌的目的有非常多種，而其中一種，就是所謂的「人形履歷」。你在做的每一件事、關注的每一個議題、進修的每一種技能，都會拼拼湊湊成為「你」的一部分。如同上述所說到的，當身邊的組織或機構有人才需求時，他們就需要有具體明確的人形履歷來找到適合的人選，如果你有一項廣為人知的技術、形象、風格、價值觀或相關的資源，那「你」日常的所作所為就成為最好的參考履歷。

品牌是一種形象識別

現在，我們來聊聊個人品牌的「品牌」一字。品牌指的是一間企業所打造的識別形象，這樣的識別形象存在的最重要目的之一，就是要搶占每一位消費者心目中的品牌認知，並且提升每個人對該品牌的「直覺性認同」。這麼說有點小繞口，但換個角度來說：假設一講到咖啡，你可能腦中會浮現星巴克；講到速食餐廳，你也許就想到麥當勞；如果講到書店，你可能第一個聯想到的是誠品、金石堂、博客來或亞馬遜，每個人心中的答案會因為生長環境和價值觀而有些許落差，但是，每一間企業在經營品牌時，都是希望能夠成為你心目中的第一，能變成你第一個聯想到的產業代表。

當你的代表性提高，你的權威（Authority）也會跟著提高，你的權威性提高了，你的聲量、話語權、影響力通常也會跟著提高，而當你能成為某個領域的指標性人物，你的「個人品牌」也就建立起來了。

這樣把個人品牌講的好像是一種權力爭奪的遊戲，但事實上，**在人人都可以發聲、人人都可自成媒體的年代，你是否有能夠脫穎而出的辨識標籤，確實會大大影響著你的聲譽和他人評判你的根據。**

以個人品牌來說，當我們一講到占星術，你可能馬上就想到唐綺陽；如果講英文學習，你可能會聯想阿滴；如果講心理學，你可能會想到鄧惠文、海苔熊、柚子甜……像

是這樣「一講到某一種專業或某一種產業，你就會馬上想到他」的行為，就是我們說的品牌識別，說白了點，它的確像是在其他人與自己身上貼標籤，但如果這個標籤是對我們的事業、人生發展都有利的標籤，那它確實可以為我們開拓出更不一樣的機會。

打造個人品牌的優勢

我知道你可能開始有點兩難的想著：「**我一定要做個人品牌嗎？如果我的個性不適合拋頭露面更不想要成名，那我還有做個人品牌的必要嗎？**」兩年前的我會說這是一件非必要的事情，原因是我認為個人品牌比較適合有明確目標、想要利用自己的熱情來打造專業、增添收入，也不排斥和大眾分享個人觀點的朋友，而對於想要在職場持續發展或是不太習慣這種「秀自己」的媒體型態的人，這或許就不是當務之急，但是兩年以後，我有了新的看法。

個人品牌的利用不只是為自己開創副業，它也可以幫你找到更好的工作、建立更好的人脈，它甚至也可以只是你自己的人生紀錄、學習修煉，讓你可以觀察著自己的成長曲線，並在業餘的時候做更多的進修，來提升自己的專業與競爭力。因此，自 2020 年開始，我認為個人品牌的發展越來越大眾化，它存在的目的決不單單只是為了「展現自我」，更多的時候，它是為了讓你練習如何經營自己，如何打造自己的人形履歷，並且強化個人的生活風格。

當你能成為某個領域的指標性人物，你的「個人品牌」也就建立起來了。

你不用非得做什麼，你只是需要多一點選擇

我有一位朋友從事使用者經驗設計（User Experience，簡稱 UX）的工作，因為熱愛產品開發，她甚至會在自己的私人臉書與 Medium 上面撰寫與使用者流程設計相關的學術文章。這位朋友很低調，她鮮少露臉也不太提自己的私事，但就是因為對這個主題的熱忱，讓她默默地打造出自己的個人品牌，而這樣的品牌主題因為有著明確的專業，也讓她開始接到更多活動出席與對外演講的機會，儘管如此，我的朋友依然選擇繼續在公司上班，繼續負責公司的產品設計與相關的專案，許多人對她說：「你大可以出來做自己的品牌、自己的公司，你可以販售線上課程，你可以自行選擇辦公地點、開始遠距工作！」但她依舊選擇以正職公司為主，個人品牌的副業開發為輔。

因此，**個人品牌的終點絕非離職創業，而是為自己多開發一條道路、開創更多元的收入管道**，到時候，或許你就不用在公司過著朝九晚五的生活；到時候，或許你就能夠用斜槓身分自由搭配你的工作地點。但或許，你想來想去，還是想要繼續在公司上班或兼差，那這也絕對是個人的自由選擇。**我們絕對不用非得做什麼，我們只是需要多一點選擇。**

同樣的，想要遠距工作一定得開始做個人品牌嗎？當然不是，只是學著建立個人品牌，就有非常大的機會去「選擇」能夠遠端辦公的工作。

先前提到，**個人品牌可能會由你的在外形象、內在價值或專業知識作為營造的元素**，而個人品牌也經常會跟「自媒體」相提並論。個人品牌跟自媒體之間有什麼差別？我認為個人品牌是一種形象識別，而自媒體則是傳達這個形象識別的敘事方式。

　　舉例來說：我的個人品牌推廣與遠距工作、品牌經營、自我成長有關的主題，而我是一個主持 Podcast 節目的自媒體。

　　我認為，自媒體的意思就是「自成媒體」「自有媒體」，在人人皆可發聲的年代，你到底要如何發聲？如何訴說你的價值？如何讓大家知道你的存在？你自己就是一個媒體，你自己就可以為你感興趣的議題作評論、做文章，有的人像我一樣選擇用聲音作為媒介，因此開始做了 Podcast 自媒體；有人喜歡影片、有人喜歡圖片、有人善於使用文字，這些說故事的方式在現代都能找到相對應的載體與媒介，讓你可以更好的**呈現自己的價值，做自己的媒體**。

　　我覺得自媒體就像是一種揚聲器，它代表著你作為自己的媒體，說著你認為值得分享的價值，而個人品牌則可能會用自媒體的形式，去述說你的人生觀、價值觀、世界觀、學術觀、工作觀，以及創新心法等思想。

　　對於剛踏入這個領域的人，我認為可以先**將個人品牌看成是自己的「學習筆記」**，你沒有一定要露臉，也不一定要指名道姓，你可以只是將自己每天吸收到的 Input 重新消

化、整理，再利用你的解讀來 Output 出你的觀點與重點。

　　在個人品牌的經營上，我們可以選擇更偏向個人，或者更偏向品牌。選擇著重「個人」的個人品牌，就會花比較多時間發展自己的獨特魅力、人格特色或外在的形象風格，這樣的方式也可能會讓你更願意以自己的名義發光發亮，去打造自己的粉絲群或支持者；而選擇以「品牌」為重的個人品牌，則會花比較多時間在發揚議題、深化主題或推廣與開發產品，這樣的品牌也許會少了一些你的個人特色，但你同時也能保有個人隱私，專心地為自己在乎的主題打造一群和你有同樣價值觀的客戶。

　　在我尋找遠距工作的初期，我試了很多種找工作的管道，也改寫了很多次履歷，因為在我的觀念裡，我認為那就是找工作的唯一途徑，然而，我萬萬沒想到，自己業餘做開心的旅遊部落格，竟然會成為我找到兩份遠距工作的致勝關鍵。當時的我對於「個人品牌」完全沒概念，我只是把部落格當成我的另一個作品集去提供給面試官參考，但現在回想起來，我相信那就是個人品牌最基本的形式，**從這個部落格，可以看出來我在乎的事情、我看事情與處理事情的態度，甚至是我的個人美感與風格**，因此，它確實是一種履歷，也**存在著「你是誰」的參考價值**。如果你真的想要打造一個不被地點限制的工作或生活，我強烈建議你試著打造自己的個人品牌，並且用開放的心態去迎接它的無限可能。

4-2 遠距工作前，
先打造你的個人履歷

　　上一章節，我們聊到建立個人品牌的意義，是為了讓你能在這個有充分選擇的年代，遇到更多向上或向外發展的機會，現在呢，我們就來聊聊，就技術層面應該要用什麼態度看待個人品牌，以及怎麼「開始」打造你的個人人形履歷。

打造你的個人人形履歷

　　在說方法之前，先來聊聊態度與心態。雖然我們都會想要快速的直搗重點，切入乾貨，但如果你對於自己的職涯打造沒有正確的心態，一味地想要找個可以在家工作、自由自在的職缺，那你得到的工作機會，對你可能也不會有可累積的長遠幫助。相反的，如果你有正確的心態，你用什麼方法都可以打造自己理想的工作。大部分的人不了解遠距工作與個人品牌的關係，但你不曉得的是，**個人品牌或許是前往遠距工作的最佳途徑**。

為什麼我要花這麼大的篇幅特別講個人品牌呢？因為我真心認為，嘗試做個人品牌會是一種「**對自己的人生負責任**」**的基礎訓練**，當你認真經營個人品牌，「你」其實就是最大的受益者，而這個道理就跟「在公司好好工作」是一模一樣的。當你努力工作、為事業負責，你便可以開始累積自己的專業實力，當你越認真的為公司打拚，你也越有機會獲得豐厚的薪水和升職的機會，因此，「好好工作」對你而言絕對不會有職涯利益上的損失，然而，很多人卻不會，也不曾用這樣的心態來看待自己的工作，反而是想辦法在辦公室混時間，每天都想摸魚或偷閒，因為薪水短時間內夠用，就也不會想要更努力的工作來做自我提升，久而久之，面對工作的心態就變成只是面對例行公事、對人生「有所交代」，殊不知，**好好工作一直都是「讓生活變得更理想」的重要行動之一**。

　　反過來說，個人品牌在現階段很可能是你必須要花業餘額外的時間來經營的一項副業，既然要主動地出擊，就必須透徹的認知到自己就是最大受益者，作弊也沒什麼意義，那在這個過程中，你就會逐漸發現用找捷徑或混水摸魚的方式來對待自己的工作、副業，反而會降低了自己的長期競爭力，而換個角度來說，**當你能夠有一套健全的心態來經營自己，你的競爭力、自信心、勇氣都可以慢慢地培養與累積，而這些元素都會是進入遠距工作和未來世界的致勝關鍵之一**。

釐清你是為了什麼想要投入遠距工作

如果你已經有一些確定的技能或專業，或者市場上已經有相對應的遠距職缺，你自然能夠很明確的知道要怎麼找遠距工作，你會出現在這裡，有很大的機率是因為你不確定自己是否喜歡現在的職涯，而離開這個跑道之後，你也不曉得還有什麼其他的技能能夠支持遠距工作；又或者是，你非常喜歡現在的工作也熱愛著自己的公司，但是因為想要多一點時間上的彈性，或是看見了未來趨勢的轉變，因而想要了解遠距工作的可能性，但礙於現階段的職業別又不太能遠距離辦公，所以便沒辦法無痛接軌。

第一種狀況：正在累積技能

根據以上的幾種可能，可以歸類出兩類狀況：第一類是正在累積技能的族群，第二種則是碰上有科技瓶頸的族群，而好消息是，這兩類族群皆可透過個人品牌來解決當前的狀況。

我們先來聊聊第一個族群：正在打磨和累積技能的朋友。你很有可能是剛畢業的社會新鮮人，你可能過去沒有太多實際戰鬥的經驗，或者你可能想要轉換一個全新的領域，所以在新領域中，你一樣也是中高年級的實習生，像是這一類的夥伴，可以透過個人品牌來**一邊學習（做專業技能深化），一邊分享觀點（培養洞察力和思考能力）。**

我很常收到學生問我說：「如果我在想要嘗試的領域中不是特別專業，我可以來做個人品牌嗎？如果我沒有這方面的文憑，會不會失去了公信力和可信度呢？」如果你有這樣的疑慮，那我覺得你想太多了。：）

會這麼說絕對不是因為做個人品牌的門檻很低、專業素質不重要，而是你的觀眾、粉絲和讀者在你身上尋找的並不是什麼高不可攀的專業技能，而是他們自己的身影。

我們換個角度想，假設你今天是一位理財小白，對投資跟理財規畫一點概念都沒有，但是你發現自己開始對這個領域產生濃厚的熱情，非常想要創立一個個人品牌來分享相關的主題，礙於專業知識量不足，現階段的你可能會分享一些心態面或比較淺的知識，那來追蹤你、跟你互動、甚至是喜歡你的內容的人，就不會是「特別想要找到深度乾貨」的群眾，因為這就不是你在分享的主題；相反的，如果說你的觀眾在看了你的內容之後，反而覺得你分享的題材含金量超高、讓他學到很多東西又長了知識，那就代表在理財這個領域，你的觀眾比你更白，站在這樣的立足點上，你雖然不是經驗老到，但至少也比觀看的人懂得再多一些些。

你會發現，**很多時候我們會因為自己的完美主義與過剩的假設，讓你一直無法踏出第一步**，然而，你也會發現，在你踏出了那一步之後，你所擔心的事情幾乎都不會發生，就算發生了，似乎也能迎刃而解、度過難關。有的時候，我們很少會站在「觀看者的角度」去思考他的需求、他的觀點，

反而花太多時間去擔心自己無法呈現自己想要呈現的形象，有時候，觀眾追蹤自媒體，只是因為欣賞這個人的風格、觀點，或者是能從這個自媒體身上獲得一些啟發、得到精神上的慰藉。

這也是為什麼這一類的族群應該將建立個人品牌的焦點放在「學習」與「分享觀點」這兩件事上：

① 持續地深化學習

當你分享的內容都是你所學到的筆記，你便不容易發生分享「知識圈以外的事情」的事件。所謂知識圈外的事，顧名思義就是我們不熟悉也不確定的事情，當分享的內容超出了我們的認知，那就容易引發爭議，也容易犯錯，但如果我們能將重點都放在知識圈內的事情，並不斷地提升自己的知識，再把個人品牌當成自己的學習筆記來經營，那你的觀眾可能就可以跟著你一起成長。他們或許是一群跟你程度相似，也有著相同興趣的受眾，在你的身上，他們便能看見自己的影子，追蹤著你，就好比跟你一起學習、一起進步，這樣一來，就算一開始的專業技術略淺，透過持續地深化學習，你也能逐漸地從業餘走向職業等級。

② 培養獨立思考和抓重點的能力

而第二個焦點是「分享觀點」，透過你的學習與練習，你可以也應該要慢慢去培養自己的思考能力和重點萃取的能

力，當你能夠抓重點、能夠萃取知識、能夠做出基本分析並加以思考，**你的觀點也會成為你獨一無二的賣點**。在這個時代，沒有立場或沒有觀點反而是一件很可怕的事情，多數人會因為怕錯而不願表態自己的觀點，但觀點本身就是一種觀看的方式，既然是觀看的方式就不應該有對錯之分，只有角度之分，所以，如果能抱持著「說說看自己是怎麼想的、怎麼看的、為什麼呢？」的心態來建立自媒體，就比較不會有力求完美的心態，少了這樣的心態，你就能更自在地利用個人品牌來強化自己的技能，同時為自己奠定一些行銷自我的基礎，經過一段時間的用心經營，就算你沒有一份正職的遠距工作，你也有機會找到像是演講、出席活動或廠商合作的機會，你的現金流管道也從此建立起來了。

第二種狀況：有科技限制瓶頸

接下來，我們來聊聊第二類族群，也就是碰到一些科技瓶頸的族群，例如說幼兒園老師、護理師、計程車司機應該要如何踏入遠距工作者的行列？我認為就是試著將你原有的專業知識與技能用不一樣的形式包裝，分享給不一樣的消費者或同行。

你也許在想：「啊？真的有這麼簡單嗎？任何事都可以遠距工作嗎？」我認為當然是沒有辦法保證任何事物皆可以在當代以遠距工作的形式呈現，不過，遇到了第二類的問題，我們首先需要思考兩個點：

①現在的工作一定要改成遠距工作的理由是什麼？

②能不能用更廣的視角去做市場調查呢？

首先，我們必須要認真的問問自己遠距工作的原始動機，並且將這個動機作分類，例如說：「我現在是一位羽毛球教練，羽毛球教練基本上是不太可能完全遠距工作的，那我一定要遠距工作的理由是什麼呢？」詢問完畢，你可能會出現幾種想法：「我想要花多一點時間陪伴家人、我想要有一些不用受地點限制的收入來源。」或是「最近疫情太嚴重，近距離的教練課程可能不是那麼適合。」「某些學生在家休養但又想溫習課程，我不太能夠到他家教課，可能只能用視訊的方式來授課。」

從上述的例子中你應該可以明顯感受到，有一些原因會是「你個人」的私人原因，例如想要花時間陪家人；有一些原因則是公共的原因，例如因為疫情或某些客戶的特殊需求。對於公共類的原因，因為你是一個組織的一員，遇到公共問題時，是可以和你的公司組織一起討論、發想遠距工作的可行性，畢竟這是全公司可能都要面臨的議題，那這種時候，去尋求資源、資金或相關的協助都有一個公共利益的存在，那這件事或許就能很直接地從你的現有職位轉換成遠距工作的形式來辦公，在這樣的前提下，開創個人品牌或許就不是當務之急。

但如果你發現這個原因是你私人的原因，在沒有公共利益的狀況下，要去說服你的上司改變體制就很困難。而到了

這邊，你應該會發現，我們多半想要遠距工作都是為了自己的需求與利益，這個時候就是個人品牌出場的時候。

不過，在個人品牌出場之前，我認為還是要回到「動機」去做更進一步的釐清。有的時候，你想要的只是更多時間上的自由，那在這樣的前提之下，搞不好轉成兼職、聘請助理，都可以達到你想要的目的；如果是想要增加一些收入來源，或許在家裡做個斷捨離，把自己的二手商品賣掉、或者和上司談談加薪的可能，也有機會達成最終目的，甚至不用特別離職、也不用馬上來做個人品牌。因此，**動機真的非常非常的重要，如果你沒有搞清楚自己做這件事到底想要滿足自己的什麼需求，你很可能就會做出錯誤的需求判斷，因而作出不適合自己的計畫。**

會特別這麼叮嚀，是因為做個人品牌也好、建立部落格也好，它們其實都像創業一樣，是有一定難度且要花一定心力來經營的，如果你在網路上聽到人家說經營自媒體很容易，那絕對是騙人的。因此，我雖然覺得人人都需要建立自己的個人品牌，但是這到底是否是此時此刻最適合你的方式？我認為端看你現在的生活狀況、工作需求、經濟壓力和你的現有資源來做判斷。而經營個人品牌通常需要孕育一段時間才會開花結果，所以我會建議你先不要離職，把個人品牌當副業來經營，或者先存下至少足夠你生活六個月到一年的緊急預備金再來離職創業。

在大市場中找到差異化，凸顯個人特色

假設你想了一想，決定要來試試看個人品牌，那我們就來聊聊第二類族群的經營方式。這類型的人可能至少有一到兩種專業技能，但不曉得如何將專業技能轉化成線上的形式呈現，針對這樣的情況，我們可以透過個人品牌來**建立利基市場（找到產業中的市場縫隙）和培養知名度（成為產業中的影響力人物）**。

什麼是利基市場？它的英文叫作「Niche Market」也有人會稱之為縫隙市場，利基市場是指在大市場中的一個具有特色或還沒有太多競爭者的切入點，這是近幾年非常流行的品牌策略法，而我個人認為，利基市場也是個人品牌的最佳市場定位，因為**你可以在一個大主題之下，加上一些你個人獨有的特別之處，創造一個全新的市場機會**。

說到這邊，你可能有一點霧煞煞，我舉一個簡單的例子做說明，如果你今天是在講時尚穿搭，那時尚穿搭就是一個尚未 Narrow down 的大市場，假設你把它變成「微胖 X 時尚穿搭」，那你就是將一個現有存在的大市場找到了一個特別的切入點，它也成為了你的 Niche Market；如果你是像剛才舉到的羽毛球教練的例子，你也可以想一想在「羽毛球」這個大主題下，你有沒有什麼能做出市場差異化的切入點？也許你是小個子，也許你是左撇子，這些你個人的特色與經驗都有機會成為 Niche Market 的立足點。

為什麼要特別做利基市場？因為在這個大環境的洗禮之下，要找到完全沒有競爭的市場幾乎是不太可能的，如果真的找到了，也很有可能是因為這個市場的消費者並不夠多，或者這個概念太新，而沒有人涉略相關的題材。如果你現階段想到的是已經存在的市場主題，那若不加入一些個人特色，就會很難從中脫穎而出或找到能與你有共鳴的受眾。

因此，如果你是屬於第二類族群，在開始建立個人品牌之前，**你應該先思考一下自己的品牌定位和利基市場**，無論你現在是寵物美容師、護士、公務人員、公車司機還是小吃店老闆，你都要思考一下自己的特別切入點，並且花時間往這個領域耕耘、開發，讓你逐漸地能在你選擇的主領域裡提高知名度，並且往「影響力人物」（或影響力品牌，不一定要是你個人）的目標來前進，漸漸的，你會發現自己可能一樣會有演講、出席活動、出書、出產品的機會，除了奠定遠距工作的基礎，也奠定了更無限的職涯發展可能性。

我認為，第一類和第二類的族群是互相連接的，在你還沒有專業技能之前，我們可以先從第一類的方向來打造個人品牌，但當你開始有更深的專業技能，也靠自己的品牌打出了一些知名度，那你就更需要有自己的辨識度並往產業權威的方向前進（當然，這是選擇性不是必須性，主要還是看你的人生規畫是什麼）。

剛才提到，我們必須要做兩個思考，第一個是先去尋找自己想要遠距工作的動機，第二個是更廣泛的做市場調查。

為什麼要做市場調查？因為我們很容易會在「以為行不通」的情況下就速速的拋下遠距工作的想法，但這極有可能是你的「經驗主義認知」，你可能因為沒看過、沒聽過、沒想過這件事的可能性，就下意識地認為這件事不存在或辦不到，**但如果我們沒有進一步去做探究，我們腦袋裡的小青蛙就跳不出這鑿深井。**

在現實生活中，我們很容易因為同溫層太厚，導致身邊相處的人的性格、行業、背景、興趣都差不多，在這樣的前提下，你自然會很難看到「不一樣」的人生。想要跳脫知識圈去做一些不一樣的事情，可能就得先跳脫自己的生活圈，去看看與你不一樣的人、不同城市、不同國家、不同年齡的人的案例。

以剛才的羽毛球教練為例子，其實我自己就曾經因為想要查查看羽毛球有什麼其他的拿拍子方式，而上網 Google 這個議題，我也在這個過程中赫然發現，國外有許多人是真的在 YouTube 或自己的網站上把「教授運動」作為一份遠距工作的職業，我看過羽毛球、足球、拳擊有氧……等主題，起初，我很好奇這些人的獲利模式是什麼？在網路上開 YouTube 教人家踢足球就能有足夠的收入維生嗎？後來我發現，大部分的人可能同時有自己的線上課程、會推薦相關的運動產品來獲取佣金、利用觀看量來得到廣告分潤、可能也會配合一些線下活動或實體的團體教學，有時候還會販賣運動比賽的票券。

因此，**沒看過其他人這麼做，不應該是我們放棄的理由，就是因為身邊沒有可觸及的案例，我們才需要更廣泛地去做市場調查**。例如你可以利用 Google 關鍵字去看看中國、日韓、歐美的例子，若在搜尋引擎找不到，也可以試試看當地的論壇、社群，其實，所有的點子和作法在一開始可能都是一片模糊的，是在市場調查的階段中才逐漸拼湊出具體的雛形與方法，就算你真的真的找不到國內外任何的參考案例，你也一定能當第一個在這個領域創新的人，是吧？有何不可呢？

　　因此，在這個章節裡，我覺得我們都可以想一想自己的起心動念是什麼、自己屬於哪一類或想要從什麼樣的方式開始開拓遠距工作的機會。當然，循著傳統的求職方式去尋找遠距工作也不是不可能，不過**如果你想要試試看比遠距工作再多一點點的職涯規畫**，或許個人品牌就會是你進入遠距工作行列的第一個任務。

4-3 提高個人效率就是 提高生活的品質

前幾章節，我一直鼓吹你加入個人品牌的行列，無論你的決定為何，我們開始經營個人品牌或接下遠距工作後，首當其衝的第一件難事，就是確保工作效率和生活品質能夠在一定的水平上。

以往我們在講「Work and Life Balance」時，都把兩件事情做明確的切割，如果工作能歸工作，私生活能歸私生活，就可以把它們放在蹺蹺板的兩端，去取得中間的平衡點，許多人想要來嘗試遠距工作，也是因為以為只要在家工作了，就可以有更多的時間自主權、能夠有更多的心力去專注在自己真正想做的事情上，然而，**現實是殘酷的（？）當你真正加入了遠距工作者的行列，你才會發現這兩件事（工作與私生活）會融合成為一體**，在這樣的邏輯之下，你「表定打卡下班」的那個界線會更加模糊，你睡覺、吃飯、工作的地方都在同一個場域，你也不會有「不在辦公室」的時候，那它

是不是會變成好好生活就是在好好工作，好好工作就能夠好好生活呢？

說來有趣，我覺得現在的自己比任何階段在公司上班的自己都還要更忙碌，除了更忙碌之外，也變得更認真、更有效率。我經常在想：「當初想要找一份可以遠端辦公的工作，好像就是希望生活可以輕鬆一點，沒想到現在不僅沒有更輕鬆，工作還比以前更規律？」

最大的內驅力是「做那些我真正想做的事」

在剛開始遠距工作時，我就和一般人一樣喜歡把事情拖到最後一刻再來完成，反正主管也不在身邊，我也不用打卡上下班，所以我總是喜歡睡到自然醒，中午一邊吃飯、一邊配個美劇，有時候也會不小心多看了幾集，到了晚上 7、8 點吃完晚餐後，才會發現自己的進度落後了，因此工作做到凌晨一點，在緩慢的上床睡覺，隔天又睡到 10 點、11 點，又是一連串的惡性循環。

這樣的日子過了好一陣子，我發現自己的臉部和背部都開始長痘痘，除了氣色變得很差，也經常沒精神、在家工作想睡覺。我有的時候會特意外出到圖書館或咖啡廳工作，但儘管到了咖啡廳，我還是很容易被網路上的內容給分心，一個不小心就開始滑 IG、看臉書的貼文，或者做一些沒有營養的網路購物。

我仔細地算了一下自己的工時，發現自己從早上 10 點起

好好工作一直都是「讓生活變得更理想」的重要行動之一。

床開始工作，大約都會工作到超過晚上 10 點，當然，這中間就是因為有超級多「沒在認真做事」的時間段，所以如果要算真正有在工作的時數，可能一樣是 6 個多小時，但以整體的時間來說，我還是 12 小時卡在家裡或電腦前，也不是說我有中間 3 個小時去戶外踏青或跟朋友喝個下午茶，我就只是耗在家裡做一些混水摸魚的事情而已。

回想過去，我以前雖然是從早上 8 點上班到下午 5 點，但是 5 點一刷卡下班，我卻還可以去學校進修 4 小時，完成的事情和學到的東西要比當下在家工作的自己還要多，這樣想來，那我的生活究竟是真的變成了「想做什麼就做什麼」的理想狀態？還是落入「到頭來真正想做的事情都沒有做到」的陷阱裡了呢？

在擁有這樣的領悟之後，我知道自己當初想要來遠距工作也不是為了糊口安逸過日子，而是真的**想要有更多時間去「做那些我真正想做的事」**，因此，我開始更縝密的設計自己的工作內容，也會確保自己一定會外出運動、寫寫部落格、畫一些素描畫，讓自己的生活不會因為個人效率而全被工作給占據。

遠距工作了一、兩年之後，我發現自己的時間管理和自律能力有顯著的提升，我做事做得更快、工作也幾乎不再遲交，甚至連私底下的生活約會也不再遲到，在個人的做事效率逐漸好轉後沒多久，我的生活品質也開始變好了，我的作息更加規律，現在的我大概都是 10 點入睡、7 點起床，皮膚的狀況好轉了、精神變好了，因為不晚睡，也不再亂吃消夜，甚至也沒有想要吃零嘴和暴飲暴食的欲望，最重要的是，我真的有更多的時間陪伴家人，而不是埋首在無止盡的工作裡。

這些個人效率、個人成長的練習，我大約是花了一年多時間才真正感覺到工作與生活上的變化，但我也相信，如果你從現在開始做相關的自我鍛鍊，你也絕對有機會在一年後看見自己的蛻變。至於**個人效率到底有哪些重點要注意呢？**我認為有三個重要元素，分別是：**時間管理、優先次序、自律能力。**

1. 時間管理

讓我們先來聊聊時間管理，其實，市面上有非常多相關課程與書籍，如果對這個主題感興趣，也可以先去找找相關的資源來閱覽。但在時間管理上，我絕對信奉與其去想如何有效的運用時間，不如去想如何調整這件事情對你的緊急程度與重要程度。

當一件事情對你來說夠重要、夠緊急，人類本能是會排除萬難的赴湯蹈火，你不會推延、也不會找藉口，你甚至可以很明確的知道應該要做什麼事情才能最有效率的把這件事情鬼速完成；反之，如果這件事情對你而言不夠重要，也不怎麼急，你就容易為它找理由，你可能也會很難判斷或不停的質疑自己的執行方式，甚至想要找到「更完美」的執行方式，而讓這件事情一拖再拖。

如果你想做，你就會想辦法；如果你不想做，你就會找藉口。其實時間管理在執行面上就是如此的現實，當然，你可能會想說：「我是真的知道我不想做，要是可以，我才不會選擇來做這件事呢！但就是礙於現實所以必須得完成的事情，又該怎麼辦呢？」我認為那你就得告訴自己：「時間管理就是該做的事情做快一點，不該做的事情少做一點。」

在任何工作中，我們可能都會有熱愛的元素與不怎麼享受的元素，以我的例子來說，我最痛恨每年三月的美國報稅季，經營個人品牌很好玩、做自媒體和作家也非常有成就

感，但是，給國稅局報稅就是一個躲也躲不掉的工作職務，現在雖然可以外包給其他會計師代操，但在美國聘請會計師是非常昂貴的，我記得我們品牌剛開始沒賺什麼錢的時候，我們都得自己填寫各式各樣的報稅表單，每天搞得頭昏腦脹抱怨連連。像是這樣的事情就是我一點也不想做，甚至也會非常想拖延的，不過，**拖延從來都不等於不用面對**，只是晚一點面對，所以對於該做但不想做的事，就是得盡量地快速解決，而我對於快速解決的定義就是「專心地面對這件事」，不要一心二用、不要找藉口，把它**用你 100% 的專注力完成後，盡早從 Check list 上畫掉**。

另外，其實我們也很少注意到自己一天到底花多少時間在做那些「不該做的事情」。以手機為例，有數據統計一般人平均一天會花 5 個小時在手機上，當然，你可能因為工作要聯繫公事、或者有一些課程學習的內容都在手機裡，所以使用的時間非常長，但是，只要你仔細的過濾和記錄，你就會發現這個使用的時間是可以縮短的。除此之外，化妝的時間、打掃家裡的時間、吃飯的時間、買菜的時間……這些時間是否也可以減少一些？又或者，你一定要到健身房才可以運動嗎？你一定要一邊吃飯一邊看新聞嗎？有的時候，這些事情或許不是「不該」做，但是將它刪除或做快一點，或許就能讓你有多餘的時間去做你真正感興趣的事情了。

以工作上來說，我們一樣要來判斷什麼事該做、什麼事不該做？又或者是，這件事是否一定要是你做？如果一定

得是你做，你能不能夠做快一點？能不能使用一些現成的工具或軟體？能不能夠請其他人幫忙一小部分？在你的工作程序中，有沒有可以省略的程序呢？有沒有可以自動化的方式呢？這些其實都是時間管理的重要原則，也是你在做每一件事情時可以多加思考的重點。

2. 優先次序

再來我們聊聊如何安排工作的優先次序，哪件事情應該要先做？哪件事情其實不太急？哪件事情是得等到另外一件事情完成後，才可以進行下一步的工作？我覺得**要順利且精確地做出工作的優先排序，會考驗到你的兩個能力，一個是邏輯判斷力，一個是果斷力。**

在性格上讓我自豪的一件小事，就是我經常收到「邏輯能力很好」的誇讚，一開始其實我也不太知道邏輯能力具體來說是一個怎麼樣的能力，只覺得可能因為我小時候非常喜歡看《名偵探柯南》或東野圭吾的小說，所以對於邏輯推理有一定的概念。但長大之後，你可能會在生活和職場上遇到一些「邏輯力」似乎不太好的朋友，一時之間也說不上來有什麼不對的地方，但就會覺得這樣做事的效率、順序和方式都有點怪怪的，更慘的是，如果這個人剛好是你的主管或老闆，你大概就會知道邏輯能力有多麼的重要。

講到事情的優先次序，便應該要先去知道整件事的大架構和各項目之間的連結關係是什麼，一份工作的許多工作

項目其實都是互相呼應、互相連動的，而根據你工作的目的指標不同，你來安排這些事情的優先次序當然也會不一樣。因此，想要知道自己應該先做什麼事情，**除了要先去理解最終目的和整體架構為何以外，也要適時地加入自己的判斷能力**，這個判斷能力可能會攸關你是否了解你做這件事情需要什麼樣的資源？（也許這並不是一件你可以一個人完成的事情，所以必須動到其他部門的資源）你做這件事情通常需要花多久的時間？（有沒有相關的數據？自己以前有沒有記錄過？）這件事情以大局觀的角度來看，是否是個當務之急？現在做它是否是最把時間花在刀口上的作法？（這件事的效益多寡為何？它是有影響力的關鍵事件嗎？）

因此，判斷能力還是跟專業技術和以往經驗有滿大的關聯的，言下之意就是，它也**絕對可以透過練習而越來越熟練、越做越好**。

要對一系列的待辦事項做出明確的排序，除了判斷能力之外，也考驗著你的果斷力。有時候，你會明明知道應該要先做Ａ，再做Ｂ，再進行Ｃ，但是你就會一直卡在這三件事情的先後順序上而遲遲無法做決定，在這樣的情況下，其實你腦子裡的理性面已經有答案了，這個答案就是Ａ→Ｂ→Ｃ，但是你的感性面會不斷的想要找到推翻這個理性面的方法，讓你可以有更多的時間考慮、更多的緩衝去做出更完善的決策。

其實，有的時候停下來多想一下也是一種不錯的腦力

激盪方式，或許你真的就從停下來深思後得到了不一樣的靈感，但大部分的時候，我們可能都還是因為不夠果斷而讓工作失去了應有的效率。**在遇到無法決策的情況時，可以先問問自己很難做決定的原因為何？**也許是因為你擔心這不是最好的決定、你害怕因為做得不夠好而需要承擔的後果。

每當我聊到拖延和分心這個議題時，腦中都會出現一個漁船的畫面，船長在中間無法發號施令也無法決定，而眾多船員意見也分成東西南北，因此一群一群的船員開始各自往不同的方向划船，有的人往東划、有的人往西划，過了一陣子，船隻依然毫無動靜的停在原地。

作為自己的船長，你應該要明確的發號施令給自己的團隊，我們可以先往東、再往西、再往南、再去北邊，這樣的順序當然是經過評估和計算後而得到的排序，當排序出現了，就不要再同時吵著應該要先往哪個方向前進，團結的力量還是比較大的，**果斷或許不能讓你成為那個「最完美」的人，但果斷可以讓你成為收穫最豐富且成果最多的人。**

在經營你的工作也好、自媒體或人生也好，我們到底要追求那個不存在的完美，還是讓自己從各式各樣的經驗值中累積實戰經驗？相信你心裡一定也有個答案的。

3. 自律能力

以前當我被問到有關「如何更自律」的問題時，我總是不太知道要如何做出具體的回答，對於自律，我總是抱著

「不就是把該做的事情做完嗎？怎麼連這麼簡單的事情都做不到？」的心態，不過也不太可能直接去跟學生講這麼輕率的話，而且這樣的心態也沒有什麼實質技術可言，所以遇到這類的問題，我總是含糊帶過。

直到遠距工作了大概快 4 年的時間，我才發現「**只要你夠自愛，你就會夠自律**」，這裡指的自愛有多個層次，有熱情層次、尊重層次、尊嚴層次、使命層次……等。談及自律，我們某種程度上要夠愛自己，也要夠喜歡你正在執行的事情，你才有那個內驅動力去執行，有了這股內驅動力，你自然不需要特別督促或叮嚀，就會自動自發地去做那些該做的事情。

講到這邊你可能馬上就意識到，大部分讓你不自律的事情，可能就是那些你執行起來沒什麼感覺或如一灘死水的事情。雖然在需要盤纏的生活中，我們難免都得為了五斗米而折個腰，但幸運的是，身為現代人的我們也有非常大的資源去做一些自己喜歡的事情，做個人品牌是一種方式、嘗試遠距工作性質的職務也是一種方式，開始研究投資理財來讓自己領股利過生活也是一種方式，甚至拋家棄子（欸不對）到深山裡獨居或旅居世界各地當志工也是一種方式。

我時常在想，為什麼我們會花這麼多時間去做一件自己不喜歡的事，又花這麼多時間抱怨、逃避、拖延、找藉口呢？反過來說，如果我們從一開始就深深的熱愛著自己在做的事情，那後續的那些怨聲載道與自我安慰的情況或許也都

能一併改善，迎面而來的就是主動積極、認真負責、向上成長且自律的自己。

因此，我認為與其說找到更加自律的方法，應該要改成愛上自己且尊重自己的方式。在面對自己的事業時，我的確會有一種莫名其妙的自尊心，這顆自尊心經常會在我腦海裡散播著相關的訊息：「**既然是你承諾自己的，你就不能對不起自己。**」「**如果連你自己都對自己食言而肥，那你也不會受其他人尊敬。**」這樣的想法，我絕對不能說它是最正確或最健康的，但它確實幫助著我維持紀律，我看到自己的工作和生活時，也會有種「我很重要，所以我使命必達。」的感覺，這也是為什麼我認為自律不是一種方法，而是一種身分認同的意念，你或許可以暫時闔上書本問問自己：「你是不是打從心底就覺得自己是一個不怎麼喜歡用社群媒體的人？你是不是真心的認為完成比完美更重要呢？」其實我就是這麼認為的，而當你能認同你的為人「就是」一個怎麼樣的人，自律便成為一件輕而易舉的事情。

如果要聊說如何再也不用做自己不喜歡的工作，不如**想想如何提升自己感知幸福、快樂和意義的能力**，畢竟，一定也有過得非常快樂的洗碗工或掃廁所人員，我們其實不一定要等到達成或獲得了什麼樣的狀態才能幸福、才能成功、才能快樂，而是我們此時此刻，在這個當下就可以開始感恩和感知自己擁有的一切，釐清自己為何而做、為何而活，那麼儘管當前的工作環境並不是你最滿意的狀態，你依然可以篤

定地感覺到自己的核心目標、未來願景都被現在的工作支持著，那或許，你就可以從中找到做事的理由與初衷，自律的能力也就能被提煉出來了。

我經常在想，為什麼從 2019 到 2020 年出現了這麼多自媒體，都與「自我成長」這個主題有關？但我後來發現，什麼主題或許都不比「看見自己成長」來得有趣，當我們先從工作中的各個層面去做 1% 的小提升，隨著時間推移與各方面的複利效應，我們的生活品質不可能毫無改善，**在生活品質逐漸變好的過程中，勇氣與自信心一定也會大幅提升**，屆時別說遠距工作了，搞不好創造下一個 Facebook 都有可能呢。

只要你夠自愛，你就會夠自律。

Chapter 5

遠距工作疑難雜症
大哉問

5-1 老闆不讓我遠距工作怎麼辦？

　　如果你現在決心想要踏入遠距工作這一行，你會遇到的第一個問題可能是：「我的老闆就是不願意讓我遠距工作，他對這樣的工作模式一點概念都沒有，但是我又不想要離開我的工作，有什麼好方法可以說服老闆嗎？」

　　其實，想要嘗試但無法遠距工作的人，除了稍早提到的「工作性質目前無法遠距工作」以外，另一部分的人其實都面臨著「老闆不允許」的狀況，而這個狀況我們又可以分為最常見的以下兩種。

老闆無法完全信任員工的生產力

　　我們先來聊聊第一種情況，當你的老闆不願意相信員工在公司以外的地方依然可以有效率的辦公，這邊其實要幫老闆們講一句話，因為這是「合情合理的懷疑」。

　　我們以往沒有相關的測試經驗、沒有數據、沒有成績，那又要用什麼樣的方法得知你可以勝任這樣的工作模式呢？

身為資方要考慮到許多員工不需顧慮的層面，雇主需要承擔公司的營運成本，在時間、空間、股東、資金、客戶等種種壓力下，冒然地讓你毫無章法地遠距工作，不僅可能是一項政策上的錯誤，更可能會直接影響到業績，連帶還有更多的人事問題得處理，因此，如果我們一味地把責任怪罪在老闆頭上，既沒有實質用處，也沒有為自己的人生負起責任。

相反的，我們應該回頭看看，為了說服老闆讓你遠距工作，**老闆需要看到的到底是什麼？他擔心的是什麼？他在乎的又是什麼？**因此，**學會從資方的角度去看整件事的脈絡**，能夠讓你更有談判優勢。除了提出具體有利的事實之外，以下還有其他四種小方法，能夠更容易地說服老闆，它們分別是：「人情勸說法、績效保證法、言之有理法、寵愛愛將法」。

1. 人情勸說法

人情勸說法的前提是如果你跟老闆、主管的交情還不錯，或者你的老闆是一位明理且真正在乎團隊的人，都可以用這種最實在的方式，坐下來坦白的聊一聊遠距工作的可能性。

我的朋友小柔一個禮拜會在咖啡廳工作兩、三天，因為她和主管說，這樣她能「比較專注、工作比較快」。她向我透露，一開始主管其實心存懷疑，但她和主管表示「自己有能力做得更快、更好、完成更多任務，但因為她是個高敏感

族群，容易被他人影響，因此拜託主管讓她試試看兩週，如果效率沒變得更好，那她願意回去辦公室上班。」

主管讓她試了幾次，發現果真如此，後來就允許她能固定在辦公室外工作兩天，需要開會或小組溝通時，她會回到公司，但是需要聚精會神想企畫時，她都會跑到咖啡廳，是全公司第一位能在家辦公的員工。

在初期，你的主管對你的生產力有所質疑很正常，或許你也可以像小柔一樣，討論看看「遠距試用期」的方式，來證明你不只有實力，提出的建議也真的管用。

在此，我認為**講出「事實」而非「感覺」也是一個非常關鍵的要點**，你要告訴老闆你為什麼「需要」遠距工作，而不是為什麼「想要」遠距工作，兩者有莫大的差別，一定要分清楚老闆想聽的是哪一個。

2. 績效保證法

績效保證法是你必須和向上司提出具體且實際的工作內容，告訴老闆你為什麼要遠端工作，你能夠做出什麼、完成什麼，以及能夠達到的產出為何，而聰明的你一定知道，**這些保證最好能超乎他的期待**，如果你在家工作的產出反而能超過你平常的完成率或 KPI，還為辦公室省下一個位置，那老闆讓你嘗試的意願當然會提高，畢竟你坐在辦公室，但產能很差，對老闆而言也沒有好處。

3. 言之有理法

這有點像是跟你的老闆講道理的一種方法（當然，你的老闆必須是能聽進這些道理的人），你可以告訴老闆你的工作性質是可以遠端作業、遠端工作有什麼好處？能夠為公司和老闆帶來什麼效益：如減少人事成本、省電、省水、增加產能、提高員工與雇主間的信任、增加員工被賦予任務的成就感、提高員工好感度、熱情提升，最重要的是，效率也提升。

在這裡的小提醒是，千萬不要把遠距工作說得天花亂墜，最後績效超差，如果能**有相關的資料與數據佐證，呈現出清楚的簡報會更加分**，或者可以在團隊會議時提出相關的獎勵機制或分組競賽，讓同事之間可以以遠距工作作為獎勵來試試水溫。

4. 寵愛愛將法

如果你在公司是扮演主管或經理等重要角色，在不會太誇張的情況下，一般新創老闆都會願意讓員工「舒服且更有效率的工作」，和老闆提出你需要遠端工作的需求及理由，只要是該做的事都有完成，且**老闆覺得可以信任你，談成的機率能相對提高**。

我的朋友曉妍曾經是一位總經理特助，當時的她因為工作壓力過大而向總經理提出辭呈，沒想到總經理因為太過依

賴曉妍，就主動提議讓她在家工作來緩解壓力。這位經理讓曉妍用遠端兼職的方式處理一些行政庶務，久而久之，雙方也發現這樣的合作關係配合得恰到好處，而展開了新的合作方式。

倘若你是一間企業的重要齒輪，公司沒有你就無法運轉（或運轉有困難），那你自然會有更多的籌碼去談判，因此，**怎麼樣才能成為這樣的角色，獲得老闆的信任呢？這其實就是非常關鍵的思考題了。**

公司團隊不知道如何遠端協作

第二種常見的遠距工作阻礙就是遠端的實務協作，尤其在較大的企業規模中，各部門之間的連結又是環環相扣，很難因為某一個部門的某個人想要遠端工作，就將工作上的所有程序全權配合每一個個體，因此，當團隊不知道要如何遠距協作，一樣可以將核心問題做幾個簡單分析並嘗試找出解方，最常見的問題就是「科技干擾、溝通不良和資料存取不易」這三種。

1. 稀奇古怪的科技干擾

我猜想遠距工作者大概是最常怪罪水逆的一群人（？）。有的時候，科技產品真的會天外飛來一筆的捉弄你，網路和科技品是遠端工作人員的衣食父母，如果農民要看老天的臉色來決定豐收成果，那我們大概就是要看水星的臉色。

我自己算是一個在遠端協作時會比較謹慎的人，例如要做直播、錄製音頻節目，我們都會事前走過一次流程，並且確保該充電的工具都有充好電。如果用手機錄製的話要記得開飛航模式，免得有人突然打給你而中斷錄影，我也會有一些「行前 Check list」來確保我跟來賓的科技產品和錄製品質都是 OK 的，會這麼做，當然也是因為曾經摔跤過很多次。

　　印象很深刻的是，某一次我在自己的 Podcast 節目上邀請到一位大來賓做分享，整集節目錄製結束之後，我才發現我自己的麥克風完全沒收到音，而我也實在不敢要求如此忙碌的來賓再花時間重新跟我錄製一次，不幸中的大幸是，來賓的音軌有收到音，所以我只好硬著頭皮非常尷尬的與「來賓錄好的對話內容」做對話。那一集節目，最後是我一邊收聽來賓的錄音，一邊把自己的聲音錄進去疊加在整個音軌上，整集都「假裝」自己在跟真實的來賓對話，完全是一種全新的挑戰，包含時程的掌控、語氣與節奏都要抓好，而且還要想盡辦法不露出馬腳，有興趣的聽眾可以回頭去收聽我的節目，猜猜看到底是哪一集我用「假裝對話」的方式來錄製節目。

　　還有另外一次，我剛好想要去雪地拍一些旅遊景點的影片素材，當天所有的器材都準備齊全，帶了備用電池、清理好記憶卡，也都有事前測試錄製效果，唯一沒有計畫好的事情就是雪地實在太寒冷了，我帶的相機有點舊，它就跟手機一樣，因為過冷而自動關機無法運作，當天的工作計畫直接

泡湯了。

面對稀奇古怪的科技問題，有些事情是可以避免的，有些則要聽天命看水星的心情，**對於可以避免的狀況，就只能做足事前準備，而且不能偷懶不做事前測試**，事前測試雖然花時間，但有很高的機率幫你省下重來一遍的時間，任何資料都要做好備份的習慣，不然就只能等到欲哭無淚時記取教訓了。

就企業的角度來看，會覺得：「這就是可以避免的成本啊，一切都在辦公室處理不就好了嗎？」然而，這樣的作法雖然短期內可能有效率，但一遇到疫情或一些不可抗力因素，就會因為「完全無法在公司以外的地方處理公事」而損失掉機會與資源，因此，**逐漸將內容雲端化、訓練員工遠距工作**，我認為也是未雨綢繆的必要項目之一。

2. 溝通不良

第二種遠距工作常見的挑戰就是溝通的不即時性，這樣的情況可大可小。小情況可能會像是等不到對方的訊息而不耐煩，或是看不懂對方的訊息而需要追問；大情況可能是完全誤會對方的意思而做出錯誤策略，或是根本聯絡不到對方而延後了工作進度。

我自己就曾有過一個有點搞笑又有點無奈的經驗。當我剛開始從事遠距工作時，是先從接案設計師開始做起，那時的我在網路上接一些數字銀行的設計外包案，在某次的視覺

設計時，對方寄了一封信跟我說：「設計基本上都沒問題，但是字體的顏色能不能幫我從藍色調成橘色？」我看了對方的訊息，想都沒想的就照著對方的指示把顏色調成橘色，將檔案寄出之後，對方再度來信說：「不好意思，這個橘色好像有點不明顯，能不能幫我調深一點？」我把字色加深之後送出檔案，又再次收到對方的來信說：「這次的字色有加深，但是好像偏土，你能不能幫忙改成比較粉紅、橘紅的顏色呢？」

於是，我和客戶就這樣來來回回的修改橘色好幾次，當時的我因為沒什麼經驗，所以也笨笨的沒將資訊梳理明確，完全沒想到其實可以直接跟客戶要色卡、色號，或是要一張參考圖片，而是用了非常直覺的方式浪費雙方的時間。從那一次開始我就體悟到，**如果有什麼資訊不透明、不確定的地方，當下一定要直接提出、再三確認**，雖然，你的客戶不一定能夠形容出他到底想要什麼顏色，但你至少要請對方提供參考或描述詳細，不然最後苦的絕對是你。

另一個發生在我朋友小晴身上的例子也很好笑，小晴在美國知名的金融業上班，因為疫情而整間公司都改成在家辦公。某一天，她與老闆用語音的方式進行線上會議，會議內容討論到一半，小晴的老闆突然說：「對不起，我要先掛電話了。」於是，老闆就這樣把電話掛上，後來一整天都聯繫不到人，傳訊息給老闆也沒有得到回覆，小晴因此開始有點擔心，甚至聯繫其他同事尋求幫助。直到當晚，老闆才再度

打電話來告訴小晴說，他們開會到一半時，她的狗突然張口咬了她的男友，導致男友的手指大量出血緊急送醫，打了破傷風還縫了幾針，因為情況危急無法多做說明，不好意思讓她擔心了。

像這種情況大概也只有遠距工作時會發生（因為你也不太可能帶自己的狗狗去上班？）但就算真的把狗帶去上班，發生事件的當下也可以立即看到發生了什麼事，而不是掛上電話之後，只能瞎操心的開始揣測起對方遇到什麼狀況。

這也讓我想到，以前我跟我先生住在洛杉磯時，我們都是那種分秒必爭的工作狂，加上在洛杉磯去哪裡都要開車，路上又很容易塞車，所以我們很常利用通勤時間來開會。某一次我正在開車，我先生坐在副駕位置和同事通電話開會，開到一半，我們進入了一個隧道，收訊馬上中斷，我先生「啊！」的一聲與對方失去了連線，好巧不巧，車子塞在隧道裡沒辦法傳訊息、網路也跑不動，直到出了隧道之後，我先生收到好多通語音訊息，都是同事非常緊張的留言，當我們回報平安時，同事驚悚的說：「你掛掉電話之前突然『啊』的一聲，還以為你出了車禍或發生什麼事，接下來打手機也不通，害我嚇得差一點報警！」

經過這次事件之後，我們如果在車上與他人通電話，都會事先告知對方說「我們現在在路上，也許等等會開到收訊不好的地方。」以免連線斷掉而讓對方擔心。當然，最理想的情況是不必這麼克難的在通勤時或外出時還在工作。不過

偶爾遇到這種不可抗力的場合時，提前知會對方是比較體貼的。

除了這類型的溝通不良之外，**遠距工作時也可能會遇到跨國、跨種族的合作機會，這不僅考驗你的外語能力、臨場反應，同時也要求你成為一位能將需求與疑慮表達清楚的人。**

以前在韓商公司上班時，我曾和一位華裔巴西籍主管合作，我非常喜歡這位主管，但是他的口音非常重，開會時真的很痛苦，我經常要花好一段時間才能「進入狀況」，進入狀況之後，我又會經常想著：「我知道他在講的是英文，但是我怎麼都聽不懂？」與他開會，我總是要再花額外的時間把他講的內容重複描述一遍，和他再三確認工作項目與方向。

以上這些問題或許都是會讓企業對遠距工作卻步的原因，但我個人認為，在科技日益更新的時代，這些溝通不易的狀況或許都會在不久後得到緩解，現在開始有了 5G 的技術，我們的實體距離雖然更遠，但傳達資訊的速度卻更快，我們說話之間可能不會再有所謂的「Lag 5 秒鐘」，也不會再因為含糊不清的音質而無法確認對方的口語訊息。也許在不久後的將來，我們能夠像星際大戰裡的畫面一樣，出現虛擬的人物等比投射作為開會的基本結構，但就當前的情形來說，**溝通不良雖然不是科技上可以解套的問題，卻是個人可以更用心執行的項目，透過更加地謹慎、更周全的準備，絕**

不怕兩個相隔兩地的人無法遠端協作，就怕一個團隊皆在同一個空間，還是沒辦法好好溝通而目標分裂。

3. 資料存取不易

最後一種遠距工作困難就是資料存取的不易，而常見的情況大概就是某一邊的線上資料權限忘了開啟或開啟錯誤，導致資料傳送出去而無法閱讀，而又得再另外花時間來取得必要資料。

這樣的情況大多是可以避免的，通常只要細心一點就能夠減少這些不必要的來回。但有的時候，我們可能也會碰到非常難克服的資料存取問題，例如我的朋友小羅在一間美國的資料處理公司上班，一樣因為碰到疫情，全公司被政府下令要執行居家辦公，但礙於傳統產業，大部分的文件都放在公司，而公司進行遠端辦公的方式，是將團隊分成 ABC 三個組別，並且每週只讓一組人員到辦公室辦公，也就是第一週是 A 組進辦公室，B、C 組在家辦公，第二週是 B 組到辦公室工作，A、C 在家裡工作，以此類推的輪流遠距，並讓辦公室的人員維持在 10 人以下。

小羅和我說，他的同事曾因為忘了將某份文件帶回家，卻又因為分配到的組別不同，而不能在當天強行進辦公室拿文件，因此向主管提議讓其他部門的人有權限使用共用文件的方案，一開始主管因為內部人事管理而有所顧慮，沒在第一時間下放權力，但因為美國持續執行居家隔離政策，過了

幾週後，主管也採用了這位同事的建議，**將需要的資料雲端化，並且讓組織內部的人員能夠共同存取文件，減少各部門之間的隔閡**。

對企業來說，資料存取可能攸關公司機密或重要文件，大部分的人擔心這樣的內容不適合用公司以外的電腦或網路來操作，但我認為這種資料存取問題應該只是暫時的，現在我們所面臨到的資安問題、網路安全、多人會議、雲端大空間、即時語音跨國翻譯、多人協作專案管理、自動備份、自動化流程……等需求，其實都逐漸有大大小小的品牌與企業提供相關的工具與服務，例如像 QNAP、G suite、微軟 Office 系列，都有相對應的軟體能解決你的需求。

前陣子，我也聽到另一位身為會計師的美國朋友和我說，因為持續居家隔離，公司特別配送 VPN 讓他們各自在家裡處理稅務。利用像 VPN 這樣的私人網路，不僅能保護客戶個資與國稅局機密，也可以讓公司的資料統一存放在同一個網絡系統中，實現了「會計師也能在家遠距工作」的可能。

因此，如果你是員工，而老闆不准你遠距工作，我們可以試著站在資方的角度想，想想自己有什麼籌碼、能夠如何說服上司；而如果你是資方，我相信將工作程序雲端化是一個必須學習的趨勢，有什麼困難和需求，在網路上或在國外可能都可以找到輔助工具，如果真的找不到一個好用的資源來讓你更方便地進行遠距工作，那，你的新創業點子就出來囉！搞不好這就會是市場上的新需求，等著你去開發呢。

5-2 搞定合約、稅務疑難雜症

　　開始準備從事遠距工作時，第一個會碰到的很可能就是合約與稅務問題，尤其是首次嘗試遠距工作的你可能會很疑惑：「這樣我到底是要用什麼合約？我是正職、兼職，還是約聘員工？我如果人不在台灣或公司不在台灣，稅務又要依照哪個國家的法律呢？」

　　關於合約和稅務的問題，其實都沒有想像中難解決，**公司或僱用你的人通常也會為你提供相關的協助**，因此，處理合約和稅務問題，我們可以將形式作出幾種分類與組合，並且考慮以下這四個條件：

　　①你的契約型態（正職、兼職、約聘）
　　②你的國籍（你是哪國人）
　　③你的所在地（你目前居住在哪）
　　④公司所屬地（你的公司是哪一國的公司）

　　以上四種分類可以延伸出的組合有好幾種，這裡就拉出幾種比較常見的組合來跟各位聊聊。

常見的合約和稅務問題

第一個是你的契約型態，如果你是全職員工（前幾單元提到的僱傭制），那情況可能就不會太複雜。例如你是本國人，公司也是國籍公司，那程序上就如同去一般公司行號上班一樣，簽署勞資方的僱傭合約，勞健保與稅務通常也是由公司來負責。如果公司沒有包勞健保（通常應該要有），也可以自行去職業工會做投保。

但如果你找到的是一份海外公司的正職工作，這樣的正常程序通常會是你的公司要給你相關的工作簽證，讓你可以成為海外公司的正式員工並在海外報稅。以美國來說，美國公司需要給你一個稱為 H1B 的簽證（就是美國工作簽證），有這個簽證你就可以合法在美國當地工作，並且必須開始在美國報稅。因此，如果你的美國公司聘請你為正式員工，並且允許你遠距工作，那這便是一個在美國各地邊工作邊旅行的好機會。

在疫情爆發以前，我身邊有許多從台灣來美國工作的朋友，由於他們都公司允許偶爾在家辦公，所以我們會一起去咖啡廳工作，有些人也會趁機在美國做 Road trip，有些人甚至直接買了一輛露營車，住在車上逐水草（網路）而居。

有意思的是，當新冠疫情在美國蔓延時，幾乎所有的公司都被政府規定要讓員工在家工作，經過了幾個月，有一些公司也開始讓員工長期在家辦公（主要也是疫情壓不下

來，無法準確預測回到正常的時間，也無法讓員工冒生命危險），而我身邊就有超級多原本在美國工作的台灣人，直接飛回台灣居住、工作，雖然工作的時間可能因為有時差而需要半夜起來開會，但領著美國的薪水，在台灣享受沒被疫情大大影響的生活，其實也挺讓人羨慕的。

你可能在想：「大部分的時候都不會有這麼好的事吧？很少有公司會願意幫你申請簽證又讓你不用到辦公室工作。」沒錯，這樣的情況雖然不是不存在，但確實不常見，通常一間國外的公司想要僱用一些非該國的工作人員，在法律程序上是非常麻煩的，除非是非常知名的大企業，不然**一般的中小企業都會傾向於用合約制的方式（Contractor）來將工作「外包」給你。**

如果你是台灣人，目前居住地是台灣，但是有一份國外的兼差，那外包合約的形式便會有點像是自由接案者的稅務處理方式，你需要自行去工會保勞健保，而公司每個月給你的收入會稱為**海外工作者所得。如果金額比較少，也許可以享有免課稅的門檻，如果金額比較多，或者需要開發票，也許註冊公司會更適合。**

台灣人領韓國薪水，但住在美國，那三地都要報稅嗎？

當我應徵到韓國的工作時，宛庭就跟我說，因為我一開始的工時很短（一週只有 8~12 小時），所以公司會用約聘制的 Contractor 來僱用我，而我每個月收入就有點像是額外的

零用錢，算是自己額外接案的海外收入。

　　過了一陣子，我開始用全職的時間為韓國公司工作，當時公司便提到幾種合作的形式，第一種是成為公司的正式員工，擁有工作簽證並且到韓國辦公室工作，這樣的工作形式可能要搬到韓國，也需要自行負擔住處與平日開銷，但是可以享有正職員工的福利（例如能獲得公司的股票）與相關的保障，當然也有韓國的稅務需要處理；第二種形式是維持海外約聘人員，雖然薪水會調漲，但不能享有正職員工的福利，要自行負擔台灣的勞健保，不過也不用搬到韓國上班。後來我想了想，決定選擇第二種方式工作，因此當時我並沒有接觸到申請國外工作簽證或處理海外稅務相關事宜，只是簽了一張新的合約，並且在台灣持續維持自由工作者的身分。

　　這時候，我所簽署的契約是外包人員的契約，我所負擔的稅務是台灣國稅局的稅，這樣的情況維持了一陣子之後，我開始在世界各地旅行，一次可能會在國外待兩到三個月的時間，因為這時候在國外的短居都是旅行（持旅遊簽證），因此稅務繳納的部分依然只需要繳台灣的稅。後來，我搬到了美國和我先生一起住，而美國規定，只要你有居留證，並在美國當地居住超過一定的時間，你就有繳納美國稅務之義務。

　　我記得當時被這件事情搞得一個頭兩個大，我是台灣人，做著韓國的工作，但是人住在美國，那這樣的話，我

的稅到底應該怎麼繳？用什麼名義？台灣和美國都需要繳稅嗎？

後來我們請了一位會計師來協助處理，才發現**美國的課稅方式是全球徵稅**，也就是說，無論你是不是美國人，也無論你的公司是在日本、南非，還是澳洲，只要你居住在美國，你就必須繳納美國的所得稅，這一筆稅收的類別一樣是海外所得（美國境外）。當時，會計師便要求我提供韓國的薪資證明和台灣銀行的帳戶（韓國的薪水是匯到台灣的銀行），上報給美國國稅局並且附上支票來繳稅。

如果你在其他國家繳過所得稅，在台灣可以申請抵繳稅額避免重複課稅，不過這個部分還是要考慮你的所在地以及公司的所屬國家，為保險起見，還是要詢問一下律師。

遠距工作的合約簽署需要注意哪些？

現在，我們拉回來聊聊合約，一般來說，遠距工作的合約簽署需要特別注意幾個部分：

①契約屬性和衍生保障

②對方支付薪水的方式

③相關稅務支出由哪一方負責

當我們在簽署合約，尤其是海外的遠距工作時，其實**要特別注意契約的屬性和衍生的保障**，因為很多時候，Contractor 的合約內容會代表你和公司並不是僱傭關係，而是甲乙方的關係，意思是說，你的屬性就只是**一個外包商**，

你個人發生任何問題大多與公司無關，如果說有什麼工作糾紛，也會被歸類為商業糾紛，無法享有勞基法的保障（再加上公司不是台灣公司的話，就更不用說了）。

說白一點，如果你在一般公司行號上班，老闆莫名其妙叫你加班，休假時要你待命還不給你加班費，假如你不爽的話，是可以透過法律途徑來爭取勞工權益；又或者是你在騎車去拜訪客戶的途中不小心發生車禍，是有機會依照勞基法跟公司索取相關的保險或補貼。不過呢，如果是海外公司，而且又是約聘制的話，真有什麼萬一而產生了糾紛是很難在台灣處理的。

一般來說，一間公司僱用你（無論是全職還是約聘），他們所開出來的契約都是「**對資方有利**」的契約，尤其你可以多多注意，國外的合約很可能會有某一條條文指出：「如果勞資雙方產生了任何糾紛並尋求法律途徑，將會以資方選擇申訴執行的地點，並由勞方承擔相關的衍生費用。」意思就是說，如果你的公司是美國公司，他們通常都會選擇美國的律師跟美國的法庭，可是你也不太可能因為跟公司起爭執，就飛到美國去特地去開庭吧？這也太划不來了。

因此，身為一位遠距工作者，有它自由的地方，也有必須承擔的風險，不過，這並不只是遠距工作者需要關注的議題而已，而是所有在接案、有副業的人或自由工作者都必須注意的。很多時候，當我們拿到密密麻麻的合約會頭昏腦脹，沒仔細閱讀就直接簽名了，其實，如果你仔細地讀，

一個字一個字去理解，就算是其他種語言，你也一定能夠看懂、看完。因此，有一點耐心，**攸關到自己權益的事情一定要格外當心**，確定自己能夠接受合約上的條文，或是能承擔延伸問題再簽約才是最負責的方式。

海外薪資通常以外幣支付，手續費和匯差誰來承擔？

再來，我們聊一聊公司付款的方式，特別討論這一條的最主要原因就是「手續費」的問題，手續費產生最大問題就是公司跟你說薪水是多少，但是當錢真正到你手上時卻和實際金額有一大差距。

國外的公司常見使用的支薪方式有透過人力或薪資外包公司來付款，這樣的公司可能會幫忙處理工資單、申報所得稅等，不過這其實也是一種外包的服務，當然也需要負擔手續費或服務費；第二種常見的方式是透過像 Paypal 這樣的平台來發放薪資，因此你也要注意一下第三方平台會收取多少手續費，換算下來你的實拿金額又是多少；第三種常見方式是海外公司直接匯款到你台灣的個人帳戶，通常這種方式是最方便的，因為**個人海外所得稅在台灣如果沒有超過台幣670 萬元是不需要繳稅的**。（註：這是 2020 年的資料）

當時我工作的韓國公司就是用第三種形式直接將薪資匯到我的台幣帳戶，不過這裡又有一個小地方要注意一下，如果你的海外公司給的幣別不是台幣（通常都不會是台幣，最常見的是美金、日元、歐元……等），你在台灣可能就會需

要一個「外幣帳戶」，我當時就因為韓國公司發的薪水不是台幣而申請了專門收薪資的外幣帳戶，這個外幣帳戶在收到錢的時候，通常會需要繳一筆「解匯手續費」，當時我配合的銀行是收台幣 300 元，也就是每個月發薪水，要把收到的外幣變成台幣都要被扣 300 元，而且因為匯率的不同，解匯完成的台幣可能也會有匯差，每次實際轉換成台幣的金額都會不太一樣，實在是有點麻煩。

遇到這種情況時，你其實可以和公司討論一下並多多為自己爭取權益，也許可以詢問公司是否能夠吸收這些衍生手續費，把需要負擔的款項調整到薪資裡，讓實際拿到的金額是扣除這些手續費的金額，這或許都有討論空間，所以**不要那麼急著簽約**。

很多時候，海外的公司會直接用公司的名義發報價單（Invoice）給你，對公司而言，你的薪資就是一筆「營運支出」，**公司可以將你的薪資作為成本扣除，這種時候匯款的手續費就很可能會由國外的公司來負擔（但還是要看合約的內容而定）**。現在網路上有滿多現成的報價單生成器（Invoice generator）都可以免費製作報價單範本，不過有的時候，某些國家或某些公司沒辦法接受「個人名義」的 Invoice，尤其是不同國家可能有不同的勞基法。通常沒辦法接受的原因，都是因為那間國外公司無法將這筆支出列入需要的財務分類，或是該國家沒辦法接受個人名義之報價單，這時候，國外的公司就很有可能要求你使用公司名義或要你

成立一間公司。

我個人覺得成立公司還滿麻煩的，但如果公司真的有要求，就得考慮一下成立公司來開發票值不值得？

在台灣要成立一間公司的費用並不高，尤其如果你想要捲起袖子自己來，那也許 5 萬到 7 萬元可以搞定（這些費用可能包含公司註冊費、記帳費、掛地址的地址費），我認為真正高的成本是在維護的時間成本，例如你每兩個月要報一次稅，初期可能還要到國稅局報到（所以你可能就得暫時待在台灣，無法到其他國家趴趴走）。當然，你可以將這些庶務委外，交給相關的服務商或會計師處理，拿錢換時間，不過回過頭來，我們還是思考一下：「你的案或收入源是否穩定？這次的合作是長期的還是一次性的？」如果真的有需要成立公司，上網 Google 也有滿多教學解說可以去做進一步的評估。

合約和稅務雖然枯燥又乏味，但是不好好處理的代價卻更大，如果有任何關於這方面的問題，我自己滿推薦「Remote Taiwan」這個臉書社團，上面的團員很熱心助人也幾乎都有遠距工作／跨國工作的相關經驗，歡迎你多多利用這項資源。

Remote Taiwan

如果真要說實話，我認為面對遠距工作這種新型的工作模式，你可能會遇到兩種不一樣的資方，一種是成熟的，一種是不成熟的。

　　通常，成熟的資方要不是規模比較大、營運比較久、有比較足夠的資源來協助並僱用員工，不然就是非常熟悉遠距工作的工作模式（例如說一間全公司都遠端工作的新創公司），遇到這樣的公司，合約和稅務都會有比較明確、詳細的處理方式，你可能也不用特地在上網爬文或特別用力閱讀本書的這個章節；如果是不成熟的公司，很多時候在合約簽署和稅務上的處理方式，就是我同意、你同意，我們就開始進行這場交易，也許並不會真的有什麼超級困難的問題需要處理，如果真的有，**請一位專業人士來協助絕對是最方便的**，如果沒有，那就謹記不要犯法、保護好自己，通常就能進行一場愉悅的交易，開始遠距離工作。

5-3 一人公司如何強化工作技能？

　　遠距工作的形式有很多，你可以一邊旅行一邊工作，你可以租一個共同工作空間，你可以試遍城市裡的各個咖啡廳，你可以搬到另外一個城市居住並在家辦公，你也可以各個混搭或同時進行。在遠距工作邁入第五年的日子裡，我有超過 80% 的時間，都是自己一個人在家辦公，而 2020 年，我幾乎是一整年都沒有參加任何對外的實體演講或活動，專注進行居家隔離，真正落實「在家工作」。

　　「家」對我而言雖然是一個舒服也能專心的工作場域，但儘管我是一個熱愛獨處也比較內向的人，我還是深深感受到**缺乏夥伴一起腦力激盪，是多麼寂寞的一種感受（嘆）**，無論你是外向者還是內向者，遠距工作的辦公型態確實會有大部分的時間在獨立作業上，倘若你又不是一位在體制內的雇員，你可能也沒有員工聚餐、沒有尾牙春酒、沒有員工旅遊、沒有 Happy Hour，更沒有一位夥伴能隨時在你身邊交流互動。當然，因為類型不同，你很可能會是一位經常要與

客戶接觸的英文家教或新娘秘書，那你或許就比較沒有「孤單、寂寞、覺得冷」這方面的困擾，但當個人品牌越來越盛行，其實也意味著一人公司的單位會越來越普及，這個時候，我們的社交與技能強化，也成為了我們的工作職責之一。

遠端工作若遇到沒人討論、孤單寂寞怎麼辦？

就現下的大環境來說，我其實也沒有什麼好方法能排解防疫期間人際的疏離感；在我剛搬到洛杉磯時，除了我先生之外，沒有任何的親戚、朋友，就連辦公空間都在家，所以也無法去認識新同事。那時的我還有韓國的遠距工作，我會在網路上搜尋相關產業的 Meet up 聚會，並且每個禮拜安排不一樣的主題，參加相關的演講或活動。

當時我還會特別挑選有 Free Trial 的共同工作空間，讓我能夠在不用付費的前提下走跳各個 Co-working Space，除了看看不一樣的環境，也順便認識不同的朋友，在共同工作空間裡辦公也時常可以參加他們舉辦的活動，這些活動可能會像是 Social Media 新趨勢、使用者流程經驗研討會、女創業家的經驗分享會……等，住在大城市的一個優點就是源源不絕的活動，就算你一個人自己在家工作，還是可以討論一些商業上的點子，聽聽別人是怎麼做的、聽聽別的產業有什麼不一樣的觀點，同時，我也會加入相關的論壇、社群，定期做討論，也順便在網路上交交朋友，或許也會約出來私底下

一起喝杯咖啡，見面一起工作。

在我個人的觀點看來，我認為只要世界是正常的在運轉，沒有病毒、沒有戰爭、沒有奇奇怪怪的政治因素，那儘管你是一人公司，儘管你沒有任何同事或員工，你還是能夠在現實生活中或網路上找到應有盡有的資源，只要積極地善用這些人脈資源，那就算你大部分的時間都一個人，你還是可以找到腦力激盪的對象，也可以因為跨領域、跨產業而激發出更不一樣的火花。

如何提升自己的技能與評估個人的競爭力？

另一個遠距工作很常見的問題是：「我如果一個人工作，沒有升遷制度、沒有獎金、沒有補助資源，我要如何提升自己的技能？我要用什麼標準衡量我的競爭力呢？」

離開了公司，無論你是出來接案還是創業，你其實就是得承接下「以前公司幫你做好」的部分，並且由自己來負責，舉凡勞健保、獎金制度，甚至你也得充當自己的康樂股長，來作為維持營運的潤滑劑。維持營運有許多不同的面向，例如要制定 KPI、要檢視財務狀況、要關心員工狀態（或許就是你自己），當然可能也要有績效考核，或者也要定期撥一筆款項作為自己的學習費，針對這一點，我建議可以直接去研究大公司是如何做內部的營運管理，然後再把整體的規模縮小，挑選合適的部分套用在自己身上。

就技能提升來說，我其實也會定期撥一筆費用讓自己

堅持遠距工作單純只是想要有更多的時間去「做那些我真正想做的事」。
只要動機夠強，你也做得到！

去買書、買線上課程、參加 Membership、購買教練諮詢服
務，或者也會去參加大型的 Conference 和聽喜歡的演講，
學習的管道，其實不外乎就那幾種，重點是怎麼學，以及怎
麼去規畫學習計畫和執行方式。

　　在我的案例中，我大部分都是抱持著「**覺得什麼地方
有缺乏，才去做相關的學習**」的心態，對我而言，現代的知
識與資訊很誘人，你經常會覺得自己什麼都想學、什麼都想
要，最後便是買一堆書卻連一本也讀不完，當這樣的日子過

久了之後，我發現「想學、想進步」的那種求知欲其實一直都會在，但很多時候，它會像購物一樣，只是一時的衝動性消費，最後也沒有真的吸收與內化其資訊，反而還占了腦部空間。

要怎麼做才能選出適合自己的學習資源呢？

我認為有兩種方式可以比較準確的察覺你真正需要的技術需求，一種是邊工作邊觀察自己技能／知識／資源的不足；一種是發揮洞察力來觀察未來產業趨勢，並針對相關的商業策略去做發想與學習。

現階段的工作缺少什麼，就去學習相關技能

舉例來說，我們工作時應該或多或少都能察覺到自己需要加強的地方有哪些，它也許是某種專業技術或某種軟性技能，以「佐編茶水間」為例，我在初期時會遇到業務開發和廠商洽談的問題，我可能會不太知道要怎麼談價錢、怎麼提高售價、也不確定要如何做談判協商，這時候，我可能就會針對這個狀況去上有關業務行銷、談判、客戶關係經營的課程、購買書籍或參加類似活動。直到現在，這個節目錄了三年，集數也超過一百集，而我在工作上也面臨到新的問題：聲帶保養、演說台風、即興演講……這些問題或許在第一年不打緊，但隨著時間堆疊，我開始意識到自己有這方面的需求，亦開始思考要如何長時間說話又能保養喉嚨，這也讓我

開始去查相關的資料、使用相關產品、更開始去閱讀與發聲有關的書籍，因此，**隨著自己工作階段的改變，你一定會出現新的挑戰**，例如你開始要到更大的機構去做大型演講，或者你要開始管理更多人的組織，你或許就會想學習管理、領導類的內容，那這時候，你便可以很明確的知道「它們」就是你真正需要的資源，**有目的的學習也可以讓學習效果更好。**

　　然而，你一定聽過一句話：「書到用時方恨少。」很多時候，當你已經接到新挑戰才來學習時，可能已經來不及了，尤其，技能的磨練需要一段時間才能有成果，所以**你需要跟自己的工作或產業有著緊密的連結，並且有一定的危機意識**，去注意自己下一步、下一階段會需要什麼樣的技能，然後開始往該方位慢慢前進。

　　其實，技能學習的邏輯與職涯規畫和人生規畫非常相似，如果你對自己的職涯規畫是「網頁設計師→小工作室創辦人→知名設計公司執行長」，那或許，你就不會把 Audio Editing 作為現階段的學習項目之一。儘管現在 Podcast 當紅，學會音效剪輯有機會讓你接到更多元的案子，但就職涯規畫而言，它其實與你未來想要走的路沒有直接關聯，因此在時間與金錢有限的情況下，並不是一個特別合適的學習項目，除非是你私底下真的感興趣，也有多餘的精力來研究與練習，不然，上完課是一回事，真的學會並且能夠拿出來使用，又是另外一回事了。

事實上，這正是我自己親身體驗過的故事，我並不是一位物質主義者，但幾年前的我卻有購物成癮的傾向，我購買的物件都是線上課程、書籍、講座活動和相關的教練課程，當時我總是會灌迷湯來安慰自己：「成長類型的東西絕對不嫌多，這些都是對自己有幫助的消費！」「這些資源也不會有保存期限，趁著打折時先買起來放著，未來就能一直有學習的資源！」然而，在資訊應用上，越頻繁使用的技能就越是熟能生巧，對於學了卻沒什麼使用的技術，就會被擺在大腦較深層的檔案庫，最終像是電影《腦筋急轉彎》裡的情節，對於真的不會再用到也沒有價值的記憶，就會被丟到谷底而遺忘了這些資訊。

　　我曾經在某段時期買了許多與影片剪輯有關的課程和工具，雖然影片剪輯的技能真的提升了一些，但後來卻發現我未來也許根本不會自己剪影片，這件事情或許會直接外包給剪接師，甚至有更多的應用程式能幫我自動做動畫，於是我意識到自己給自己的學習目標似乎不切乎需求，雖然某些課程能夠學得很開心，但就效益上，真的會是在業餘和有閒錢時再來做會比較 Make Sense。

觀察產業趨勢，適時學習不擅長的技能

　　除了針對個人工作需求而進修，我們也要**適時地觀察產業趨勢，用發掘商機的洞察力去看看整個產業的走向會往什麼方向前進**，因而會連動到什麼樣的產品、服務與行為。我

有一位朋友是高中化學老師，在還新冠疫情爆發之前，他就已經察覺到數位化學習的趨勢，而開始研究相機、學著拍影片，甚至製作了相關的線上講義，這位朋友是個非常具童心也很能與年輕人打成一片的學校老師，他對於 Instagram、抖音都感興趣，他說過他想要嘗試用抖音做教學影片，配合有趣的手機特效，能讓他的化學課更生動。

雖然我並沒有特別和這位朋友保持聯繫，但我也相信，當疫情重擊美國時，他或許是全校裡最能無痛接軌線上教課的導師，除了因為自己的興趣，他也看見未來的趨勢並用業餘的時間學習新工具，來提升自己的時代競爭力。

看著遠距工作越來越流行，你可以預想大家的行為模式會改變，大家想買的、需要的東西或許也會變，例如因為長時間待在家裡，服裝的產業或許會往更舒適的曲線邁進，它可以是更舒適的居家服裝，或是正式但舒適的服裝，對於服裝產業而言，這或許就是一種服裝設計上的新挑戰，在現實生活中，因為傳統的電扶梯式職涯逐漸瓦解，也讓很多人開始斜槓並建立多元收入，**跨出自己的舒適圈去學一些自己不擅長的技能，這其實都是因為看見了未來的趨勢而未雨綢繆的準備**，用這樣的思維去篩選和挑選進修項目，也能幫助我們更有效且更準確地做學習。

創造學習環境，結交志同道合的夥伴一起提升

其實，找到要學什麼不困難，學習的資源更是滿街都

是，但如同上前述，要讓技能走到爐火純青的境界是需要一些時間的，這也是為什麼，我認為挑選真正有需要的技能去學習很重要，因為若是學了用不到，那再好的教材也無法發揮作用。當我們是一人公司或一個人工作時，我們便**要用經營公司的思維來經營自己的職涯**，在學習上，比起買了一堂線上課程自己學習，或許更好的方式是參加相關的培訓營，或者尋找幾位比你更有經驗的大大手把手帶領你，同時，為自己創造一個學習的環境也非常重要，無論是職涯進修或個人的自我提升，都必須有一些夥伴、同好圈的機制，才能讓我們不斷的在該領域提升。

以我的例子來分享，我在幾年前開始對理財投資感興趣，當時，我會在業餘的時間買書和參加線上課程以及相關的聚會。某次，我參加了一堂三天的研討會，在活動中認識了三位聊得來的夥伴，我們便相約每個月兩次，一起見面討論這兩週學到的內容並分享資源，就這樣，我們會在聚會時聊聊各自看了誰的書、拉出幾個有趣的技巧一起討論、分享彼此新發現的網站，並且會推薦不錯的投資物件給對方，也會幫對方一併檢視投資標的的體質，這些聚會讓我們對於學習理財感到更有趣，在搜集資料時也更有動力，甚至還會彼此督促而減少學習怠惰的問題。

我個人非常喜歡那段一群人一起學習的時光，雖然我之後因為搬家，而退出了這個群組，但我們偶爾看到有價值的資訊，依然會傳訊息分享給對方。在生活中，你一定能找到

相關的讀書會、分享會或同好社團，在專業領域的進修上，除了要確保自己真正會用得到這些資訊，也要好好地為自己創造能持續成長的環境，而對於更有難度的技術，其實就是要更加投入地去拜師學習並且勤勞練習。**只要是在體制外的工作者，都需要把「進修」當成自己的工作項目之一，主動地去學習並提升自己的專業能力**，如此一來，你也能夠為自己加薪、為自己挖角、為自己升遷。

在家工作或許就是失去了被大環境薰陶的機會，你可能沒有同儕、沒有上司、主管、導師，你可能也難以建立人脈，但是，這就像是孩子在家自學一樣，孩子在家自學成績一定會比較差嗎？人際互動一定會比較生澀嗎？這或許都不是肯定的，我就記得自己曾經在國、高中時遇過只有段考才會來學校的自學同學，他們的成績印象中都很不錯呢！

因此，遠距工作者也許會有點像是在家自學的小朋友，你或許需要一位有專業能力的導師，或者，**你就是自己的導師、自己的上司，你需要更加的積極主動去彙整資**，但比起伸手牌，等待著他人給你學習資源，主動的找機會或許也是提高你競爭力的一種方式。遠距工作者並不會因為一個人在家，就失去了職場競爭力，相反的，一個穩定的公職人員**若沒有危機意識而安逸的工作**，儘管待在擁有完整體制或學**習福利的公司，一樣有可能因為專業不再受用而被市場給淘汰**。

Chapter 6

開始遠距工作：機會就在你意想不到的地方

6-1 實際案例分享

　　在本書的最後一個章節，我想要分享一些身邊的實際案例，讓你知道其他人是如何透過自己的努力或機緣來獲得遠距工作的機會。我們都聽過「機會是給準備好的人」，而我個人認為這句話套用在遠距工作的求職上更是貼切，你實在很難知道機會到底會出現在哪裡，也正因為如此，**平時的作為與作品累積都如同在等待這一刻機緣的到來。**

　　我在進入遠距工作這一行以前，除了在數字銀行找工作和看到店家門口貼徵人啟示而去應徵之外，完全不曉得還有什麼其他方式能讓我得到理想的工作機會，更別說是創造工作機會給自己了，那對當時的我來說都是難以想像也摸不著頭緒的想法。然而，世界變化得非常快，市場產業與工作模式的快速變動也讓我們有了更多「得到工作」的機會，因此在這個章節裡，我想要分享一些有趣的求職或轉職經驗，也許能讓你從這些故事中獲得不一樣的啟發。

在社群團體中找到機會

Kuma

原旅遊新創公司創辦人

想要試試不一樣的 Lifestyle

自己決定地點和時間高效率工作

　　第一個求職故事先從我身邊最親近的工作夥伴說起。我的助理 Kuma 是一位能幹又貼心的超級左右手，她曾經是旅遊新創公司的創辦人，後來將公司售出後轉戰創投企業，我們成為夥伴的緣分很奇妙，因為她一開始是我的線上課程 Brand Your Life 的學生。

　　當時的我急需一位幫手幫我打理營運、行銷類的事情，我先是從身邊的朋友（就是之前說到的通訊錄）審查一遍，後來靈機一動，想說不然來問問看自己的社團成員好了，畢竟從另一個角度來看，他們某方面來說也算是有受過「教育訓練」的人才，或許自己的讀者、訂閱戶或學生所組織出來的社群會是非常有用的招聘管道。

於是我設計了一份申請表單，上面列出一些職務說明、人才需求以及其他的審核條件，釋出職缺消息後，我陸陸續續收到幾位應徵者的來信，而 Kuma 也從層層面試關卡角逐到最後，開始和我一起工作。

其實那時候的我就是一間一人公司，偶爾忙不過來就會拖親朋好友下水請他們「幫忙」一下，但後來意識到品牌持續的成長，或許栽培一位團隊夥伴的投資報酬率更高，因此就開始這一連串的遠距領導與管理。

這是 Kuma 第一次完全遠端的辦公，也是我第一次完全遠端的正式帶團隊，我們倆一邊做一邊學，慢慢摸索出彼此的步調，維持一週開會一次的頻率，並且搭配 G suite 系列的辦公程式來做遠端協作、會議記錄、專案管理和各式各樣大大小小的任務。

Kuma 和我一起工作超過一年的時間，而我們真正見面一起工作的次數大約是兩隻手數得出來的次數。我長年居住在美國，一年回台灣一次去辦一些講座、活動並且見見家人，我跟團隊就會在那個時候一起見面、吃飯，並且也會一起到咖啡廳工作。

剛開始和 Kuma 一起工作時，她曾說過自己**想要離開朝九晚五，試試看不一樣的 Lifestyle，順便讓工作太拚命的自己休息一段時間**，然而，原本是工作狂的她，在失去（字面上）朝九晚五時刻表後，卻進入了「什麼事都不想做，只想躺著」的階段。

她描述自己白天肆無忌憚的晚起床、耍廢、看 Netflix 追劇、大字型地躺在沙發上……直到吃過晚餐的晚上 8 點半，才從床上跳起來，背負著滿滿罪惡感的開始工作，然後一做就又做到凌晨 2 點，隔天只好重複著晚起、耍廢、夾著尾巴趕工的生活。

因為發現在家有太多誘惑（有床、有沙發、有冰箱），Kuma 大約在工作三個月後，就開始會固定去咖啡廳、共同工作空間辦公。而隨著業務量的成長，Kuma 的工作從一週 20 小時到大約正職的 35 小時，這或許不像是傳統的工作有著表定時間，一天一定要上滿 8 小時，但我一直都相信最聰明的工作方式就是用越少的時間賺越多的錢（或效益最大化），並且保有自己的生活去做自我投資。

Kuma 現在三不五時就會移地工作，到花蓮、台東、馬祖或自己想去的地方工作與生活，除了會議時間每一週要早起開會一次以外，其他的工作事項皆可自行調配辦公的節奏。

透過人脈無縫接軌新創電商

狄恩

原旅遊套裝行程創業家

新冠疫情重創事業

遠距工作但規律的朝九晚五

第二個故事是來自我的另一位朋友狄恩。狄恩是一位居住在美國的創業家，他擁有自己的公司與媒體，主要在做有關旅遊套裝行程的業務，當新冠疫情重擊美國時，他跟我說他的旅遊事業重創，收入也幾乎為零，不過因為狄恩開始**和身邊的朋友釋出自己正在找工作的消息**，他的朋友便開始幫他牽線，狄恩也迅速地被推薦，並在一間加州的新創電商公司擔任 Chief of Staff。

Chief of Staff 的工作是在幫助 CEO 打理公司各項營運，如同首席長特助，必須清楚知道首席長的每一項決策及任務，並且協助完成這些工作事項。狄恩在這間公司做兩個月後，轉到同公司的另一個部門做 Dropship Program Manager（直運專案），主要管理公司的 Dropship 營運和供應商及業務成長。

除了一些排定的會議外，這份工作並沒有特別表定工作時間，你可以早上很早起工作到下午，或者下午開始工作到晚上，不過因為新創公司的事情本來就比較多、比較雜，很多事情可能也沒有既定流程，所以工時通常會比預期的還要再更多一點，平日平均一天大概會工作 8 到 10 小時，最主要還是責任制，盡可能當天把一些立即性的事情完成。

　　狄恩說，他家裡有一個專門工作的辦公空間，早上起床梳洗完畢就會開始工作，因為大部分的會議都是在早上 8 點，不然就是 9 點或 10 點，所以他還是習慣早一點起床，早一點開始工作，下午如果比較累，狄恩有時候會睡個午覺，休息個 1 到 2 小時，然後接著繼續完成剩下的工作直到晚餐時間，如果還有沒做完的工作，晚餐後也會再花一點時間將這些事情做完。

　　因此，雖然是完全在家工作，狄恩的日常依舊是被工作給占據。狄恩說自己的工作挺規律，雖然初期的工作量大，但也不常無故加班，從週一工作到週五並且週休二日其實非常符合狄恩穩定的個性，而這樣的生活與工作節奏也符合他的生活型態，儘管在家依舊能保持一種規律的儀式感，是狄恩非常喜歡的工作方式。

找打工職缺，意外成了日商外派員

喬欣

原行銷廣告企畫專員

因內分泌失調需要休養

無心插柳成為日商外派員

　　另一個故事是來自喬欣，喬欣的背景是行銷廣告企畫和專案管理，幾年前，她因為正職工作的時間太長而把自己累垮，出現了內分泌失調和相關的疾病，因此需要在家靜養，但她休息了幾週後，發現自己還是有點閒不下來，加上經濟方面也不能一直吃老本，所以她就開始找一次性的行銷專案，除了請以前同事幫忙牽線與介紹之外，自己也在人力資源的平台做陌生開發。

　　喬欣在幾週內找到某間日商公司接案行銷顧問的職缺，因為對方公司有一些業務想要拓展到台灣，因此請喬欣在線上幫忙做一些市場調查、企畫發想並建立相關的執行策略。有意思的是，因為第一次的專案合作很愉快，對方便問喬欣願不願意成為正式的外聘行銷顧問，並且以遠程辦公的方式

駐點在台灣與日本的同事遠端聯繫。

　　喬欣一開始其實根本不是抱持著想要遠距工作的心情去找工作的，她只是想要找點兼差賺點外快然後在家裡調養身體，沒想到無心插柳柳成蔭，變成了日商公司的外派人員，在家裡負責市場開發、行銷專案規畫相關的工作內容，一週大約工作 30 小時，並且會盡量在下午 4 點前完成工作，晚上9 點就會上床睡覺。

　　喬欣大約在這間公司工作了快一年的時間，也是在這一年內，世界發生了新冠疫情，日本企業也嚴格的執行了居家隔離和居家辦公。她說：總公司的人都調侃她是「遠程辦公小組長」，因為長期居住在海外，比起其他在總公司上班的同事更加熟習遠端協作，因此大家有什麼相關的問題都喜歡來問她，她也說自己正在思考著辦一場同事間的線上小聚，用 Keynote 主講如何好好的在家辦公，讓每一位第一次嘗試遠距工作的同事們都能更快上手。

讓工作對齊生活方式，設計出你的理想生活

　　你永遠都不會知道機會會出現在什麼地方，以 Kuma 的故事來說，她本來只是在線上購物（買了一套線上課程），壓根兒都沒想到會是一個機會的開端（因為我也沒有特別對外徵才）；而對狄恩來說，他可能萬萬沒想到自己的旅遊事業會因為疫情而重創，他或許也沒有考慮過要去其他公司上班，不過因為平時就有相關的人脈，也讓他在尋求機會時更加的順利，用無縫接軌的方式找到了下一份職缺；至於喬欣一開始也沒有特別想要從事遠距工作，但這份外派職缺卻意外符合她現階段的需求。

　　說到職涯規畫，我們好像都以為是等到要找工作、轉職或換環境的時候才會需要職涯規畫，但是，**人生規畫一直都要在職涯規畫之上**，依照你的 Lifestyle 和你的未來目標，我們應該要**學會讓工作對齊生活方式，而不是讓生活對齊工作的方式**。如此一來，你能看見更多之前沒注意到的資源，你也可以看見更多可能，為自己創造就業機會，又或者，你能夠在全身踏入遠距辦公的領域之前，先用斜槓或副業的方式來試個水溫，讓你真正的體驗遠距工作，並做出更適合未來的職涯規畫。

　　雖然這一整本書都是在說要如何培養遠距工作力和找到能夠線上執行的工作，但我一直都相信，我們想要遠距工作是因為這樣的生活型態比較理想，也因此，**設計出一個理想**

的生活才是我們最終的目的，但我們是否一定要透過遠距工作，才能有理想的人生？我覺得倒不一定。

　　在我訪問了這麼多位來賓與朋友的過程中，我也發現每一個人對於「夢想生活」的定義都不盡相同，例如我在前幾章節提到的朋友小羅，雖然現階段的她依然過著分組進辦公室工作的生活，但她也私下和我說，她其實真的比較想要回到辦公室上班，她單身且一個人居住，生活圈有一大部分都是由工作來填滿，包含她幾位比較親密的朋友也都是她的同事，失去了跟同事們一起交流的機會，這樣的生活型態也讓她覺得自己似乎少了某一種歸屬感，日常的休閒娛樂從跟同事們下班後一起 Hang out，變成花更多的時間追劇、打電動；另一個例子是在金融業工作的小晴，因為股市交易是以美東時間為基準，住在美西的她，工作時間是早上 6 點到下午 3 點，她說自己其實也挺喜歡這種早點進辦公室、早點下班的生活，她喜歡下了班之後還有很多時間能做自己想做的事情的感覺，因此她也並不討厭辦公室的生活，反倒是因為在家的彈性更多，讓她偶爾會因為分心、賴床而無法在期望的下午 3 點打卡下班。對她而言，她知道個人效率可以透過時間來鍛鍊，不自律也只是個短暫的過渡期，但小晴的公司文化歡樂活潑，她和同事的相處也很融洽，她其實並不討厭去辦公室工作的生活。

　　我的助理 Kuma 在和我工作一年之後，也因為其他的職涯規畫而結束了合作關係。我問她：「這是妳第一次嘗試遠

距工作，一年之後，妳對於遠距工作有什麼心得感想呢？」她說：「當初因為對職場的倦怠而選擇了這個從未嘗試過的工作方式，原本以為自己會非常享受這種自主彈性的生活，但是經過一年，我發現自己還是挺想念與團體一起奮鬥或實體帶領夥伴的感覺，這其實也是後期我都去 Co-working Space 的最主要原因，我還是喜歡可以見到人、隨時交換想法或閒聊哈拉一下，因此，跨國、有時差的遠距工作或許不太適合我，地點自由、時間自由雖然真的非常吸引人，但是能夠真正感受到情緒和溫度，或許才是我追求的理想生活。」

闔上這本書之前，我也希望你能靜下心思考一下：「**你對現況的不滿是用地點自由就能解決的事情嗎？**」如果不是，我們又該如何從根本上去調整這些關鍵的事物或關係呢？希望這本書有為你的遠距工作之路帶來一些新的想法和啟發，也祝福每一位想要嘗試不同 Lifestyle 或擁抱未來趨勢的你，能一步一步的往自己所定義的理想生活大步邁進。

Work hard
Play hard

Brand Your Life and Write Your Story.

Zoey

國家圖書館出版品預行編目資料

啟動遠距工作，設計你的理想生活／佐依Zoey 作.
-- 初版 . -- 臺北市：如何出版社有限公司，2021.04
216 面；14.8×20.8 公分 . --（Happy Learning；193）
ISBN 978-986-136-574-9（平裝）

1. 職場成功法 2. 生涯規畫 3. 電子辦公室

494.35   110002278

Eurasian Publishing Group
圓神出版事業機構
用心與你對話．親夢無限寬廣

如何出版社
Solutions Publishing

www.booklife.com.tw   reader@mail.eurasian.com.tw

Happy Learning 193

啟動遠距工作，設計你的理想生活

作　　者／佐依Zoey
插　　畫／米可
發 行 人／簡志忠
出 版 者／如何出版社有限公司
地　　址／臺北市南京東路四段50號6樓之1
電　　話／（02）2579-6600 · 2579-8800 · 2570-3939
傳　　真／（02）2579-0338 · 2577-3220 · 2570-3636
總 編 輯／陳秋月
主　　編／柳怡如
專案企畫／賴真真
責任編輯／張雅慧
校　　對／Zoey · 張雅慧 · 柳怡如
美術編輯／李家宜
行銷企畫／陳禹伶 · 曾宜婷
印務統籌／劉鳳剛 · 高榮祥
監　　印／高榮祥
排　　版／陳采淇
經 銷 商／叩應股份有限公司
郵撥帳號／18707239
法律顧問／圓神出版事業機構法律顧問　蕭雄淋律師
印　　刷／龍岡數位文化股份有限公司
2021年4月　初版

定價 330 元　　　　ISBN 978-986-136-574-9

人生規畫一直都要在職涯規畫之上，
依照你的 Lifestyle 和你的未來目標，
學會讓工作對齊生活，而不是讓生活對齊工作吧！